Carl-Auer

Die Reihe »Beratung, Coaching, Supervision«

Die Bücher der petrolfarbenen Reihe *Beratung, Coaching, Supervision* haben etwas gemeinsam: Sie beschreiben das weite Feld des »Counselling«. Sie fokussieren zwar unterschiedliche Kontexte – lebensweltliche wie arbeitsweltliche –, deren Trennung uns aber z. B. bei dem Begriff »Work-Life-Balance« schon irritieren muss. Es gibt gemeinsame Haltungen, Prinzipien und Grundlagen, Theorien und Modelle, ähnliche Interventionen und Methoden – und eben unterschiedliche Kontexte, Aufträge und Ziele. Der Sinn dieser Reihe besteht darin, innovative bis irritierende Schriften zu veröffentlichen: neue oder vertiefende Modelle von – teils internationalen – erfahrenen Autoren, aber auch von Erstautoren.

In den Kontexten von Beratung, Coaching und auch Supervision hat sich der systemische Ansatz inzwischen durchgesetzt. Drei Viertel der Weiterbildungen haben eine systemische Orientierung. Zum Dogma darf der Ansatz nicht werden. Die Reihe verfolgt deshalb eine systemisch-integrative Profilierung von Beratung, Coaching und Supervision: Humanistische Grundhaltungen (z. B. eine klare Werte-, Gefühls- und Beziehungsorientierung), analytisch-tiefenpsychologisches Verstehen (das z. B. der Bedeutung unserer Kindheit sowie der Bewusstheit von Übertragungen und Gegenübertragungen im Hier und Jetzt Rechnung trägt) wie auch die »dritte Welle« des verhaltenstherapeutischen Konzeptes (mit Stichworten wie Achtsamkeit, Akzeptanz, Metakognition und Schemata) sollen in den systemischen Ansatz integriert werden.

Wenn Counselling in der Gesellschaft etabliert werden soll, bedarf es dreierlei: der Emanzipierung von Therapie(-Schulen), der Beschreibung von konkreten Kompetenzen der Profession und der Erarbeitung von Qualitätsstandards. Psychosoziale Beratung muss in das Gesundheits- und Bildungssystem integriert werden. Vom Arbeitgeber finanziertes Coaching muss ebenso wie Team- und Fallsupervisionen zum Arbeitnehmerrecht werden (wie Urlaub und Krankengeld). Das ist die Vision – und die politische Seite dieser Reihe.

Wie Counselling die Zufriedenheit vergrößern kann, das steht in diesen Büchern; das heißt, die Bücher werden praxistauglich und praxisrelevant sein. Im Sinne der systemischen Grundhaltung des Nicht-Wissens bzw. des Nicht-Besserwissens sind sie nur zum Teil »Beratungsratgeber«. Sie sind hilfreich für die Selbstreflexion, und sie helfen Beratern, Coachs und Supervisoren dabei, hilfreich zu sein. Und nicht zuletzt laden sie alle *Counsellor* zum Dialog und zum Experimentieren ein.

Dr. Dirk Rohr
Herausgeber der Reihe »Beratung, Coaching, Supervision«

Ariane Bentner, Jan P. Jung

Resilient durch Krisen

Wie Führungskräfte und Teams schwierige Zeiten bewältigen

Mit einem Geleitwort von Stephan Köhnlein

2022

Themenreihe »Beratung, Coaching, Supervision«
hrsg. von Dirk Rohr
Reihengestaltung: Uwe Göbel
Umschlaggestaltung: B. Charlotte Ulrich
Umschlagfoto: © Artem Popov – stock.adobe.com
Illustrationen: Jan P. Jung
Redaktion: Nicola Offermanns
Satz: Verlagsservice Hegele, Heiligkreuzsteinach
Printed in Germany
Druck und Bindung: CPI books GmbH, Leck

MIX
Papier | Fördert gute Waldnutzung
FSC® C083411
www.fsc.org

CPI klimaneutral
Mehr Bäume.Weniger CO_2

Erste Auflage, 2022
ISBN 978-3-8497-0445-2 (Printversion)
ISBN 978-3-8497-8397-6 (ePUB)

Bibliografische Information der Deutschen Nationalbibliothek:
Die Deutsche Nationalbibliothek verzeichnet diese Publikation in der Deutschen Nationalbibliografie; detaillierte bibliografische Daten sind im Internet über http://dnb.d-nb.de abrufbar.

Informationen zu unserem gesamten Programm, unseren Autoren und zum Verlag finden Sie unter: **https://www.carl-auer.de/**.
Dort können Sie auch unseren Newsletter abonnieren.

Carl-Auer Verlag GmbH
Vangerowstraße 14 • 69115 Heidelberg
Tel. +49 6221 6438-0 • Fax +49 6221 6438-22
info@carl-auer.de

Inhalt

Für Jochen Schweitzer-Rothers

Ich hab die Krise – ein Geleitwort

In den rund zwei Jahren vor dem Erscheinen dieses Buches hat uns die Corona-Pandemie viel abverlangt: Das Virus traf uns unvorbereitet und erschütterte nahezu alle Bereiche unseres Lebens. Die Sorge um die Gesundheit – sei es bei Angehörigen, Freunden oder bei einem selbst – war für viele ein ständiger Begleiter. Unser Bewegungsspielraum und die Möglichkeiten für Begegnungen mit anderen waren stark eingeschränkt. Nicht selten waren wir auf uns allein gestellt. Das betraf auch unser Berufsleben, das in zentralen Punkten einen tiefgreifenden Wandel erfahren hat.

Die gute Nachricht: Wir werden die Corona-Krise früher oder später überwinden und lernen, mit dem Virus zu leben. Die schlechte Nachricht: Es gibt genug andere Krisen, die sich dann wieder in den Vordergrund schieben werden. »Ich hab die Krise«, stöhnen wir oft – und tatsächlich gibt es eigentlich immer etwas, was auf personaler, beruflicher oder gesellschaftlicher Ebene in dieses Schema passt.

Beim Schreiben dieses Geleitworts ist gerade die Ukraine-Krise zum beängstigend-beherrschenden Thema aufgestiegen. Die Klimakrise begleitet uns dagegen schon seit Jahren, und es ist nicht abzusehen, welche Konsequenzen sie für unsere Welt haben wird. Droht jetzt auch eine Energiekrise? Eine Wirtschaftskrise? Wie krisenhaft sind die Zustände im Pflege- und Gesundheitswesen? Haben wir angesichts der aktuellen gesellschaftlichen Entwicklungen schon eine soziale Krise? Und was ist eigentlich aus der Flüchtlingskrise geworden?

Die Aufzählung der aktuellen und potenziellen Krisen ließe sich noch weiterspinnen. Womöglich verwenden wir das überwiegend negativ besetzte Wort »Krise« ja auch etwas zu inflationär. Aber Ereignisse, die uns unvorhersehbar erscheinen und zu deren Bewältigung unsere bisherigen Handlungsmöglichkeiten zunächst nicht ausreichen, gibt es genug. Und solche Situationen führen zu Stress, können im schlimmsten Fall sogar krank machen. Insofern passt ein Buch wie dieses, in dem es um ein Verständnis von Krisen, den Umgang damit sowie ihre Bewältigung geht, hervorragend in die Zeit.

Dieses Buch lässt sich aus mindestens zwei verschiedenen Perspektiven lesen: mit Blick auf den individuellen Umgang mit Krisen und mit Blick auf den Umgang mit Krisen in Organisationen. Für beide Sichtweisen enthält es viele wertvolle Impulse. Im Zentrum steht dabei auf beiden Ebenen der Begriff der Resilienz als Kernkompetenz in Krisen. Auch wenn die Bindung in der Kindheit ein entscheidender Faktor für die Herausbildung von Resilienz auf individueller Ebene ist, lässt sich Resilienz auch später noch fördern. Und auch Organisationen und Institutionen können ihre Resilienz trainieren.

Als Journalist, Berater und ausgebildeter Coach habe ich in den vergangenen Jahren verschiedene Medienhäuser erlebt und auch bei Change-Prozessen begleitet. Gerade das Print-Segment befindet sich in einer existenziellen Krise. Vor dem Hintergrund sinkender Abonnentenzahlen, rückläufiger Werbeeinnahmen und der Konkurrenz im Internet droht der traditionellen und lange auch lukrativen Tageszeitung ein mehr oder weniger schleichender Tod.

Mit Blick auf die Schlüsselelemente, die die Resilienz einer Organisation definieren, fehlt es nach meiner Erfahrung in vielen Medienhäusern noch an einer Vision, an klaren Zielen und Werten, die hierarchieübergreifend geteilt werden. Viel Luft nach oben ist häufig auch beim Thema Transparenz, wenn es darum geht, dass Wissen und Informationen geteilt werden.

Doch egal, ob Tageszeitungen, andere Organisationen oder die personale Ebene – der wohl wichtigste Aspekt dieses Buches und zugleich die gute Nachricht zum Schluss ist: Krisen erfordern Veränderung und ermöglichen somit Wachstum. Wir lernen neue Handlungsmöglichkeiten zu Krisenbewältigung, sind beim nächsten Mal auf solche Situationen besser vorbereitet und können womöglich sogar noch einen Transfer für ähnliche Herausforderungen leisten.

Tatsächlich hat uns auch die Corona-Pandemie schon positive Entwicklungen beschert wie zum Beispiel einen Schub bei der Digitalisierung oder neue und flexiblere Arbeitsformen, weniger (oft verlorene) Zeit beim Pendeln zur Arbeitsstätte oder anderen beruflichen Veranstaltungen und damit womöglich auch positive Folgen für die Umwelt.

Eine Krise ist so gesehen immer auch eine (wenn auch meist schmerzhafte) Chance, die eigenen Widerstandskräfte zu stärken und zu trainieren.

Darmstadt, im Februar 2022
Stephan Köhnlein

Vorwort

Verschwende nie eine gute Krise.
Winston Churchill

Das Thema Resilienz beschäftigt und begleitet uns in Theorie und Praxis schon viele Jahre. Wir erinnern uns: Vor ca. zehn Jahren wurden wir als systemisch und lösungsorientiert arbeitende Unternehmensberatung erstmals von einem Infrastruktur-Dienstleister und Flughafenbetreiber beauftragt, ein Konzept zu entwickeln, das den Mitarbeitenden und Führungskräften helfen sollte, auch schwierigste Herausforderungen im beruflichen Alltag zu bewältigen, ohne in übermäßigen Stress oder unnötige Konflikte zu geraten. Agilität und der Umgang mit Komplexität und Ungewissheit war das Personal dieses Konzerns schon lange gewohnt, denn der Konzern lebt als Flughafen von seiner Kernkompetenz, schon aus Gründen der Sicherheit extrem schnell und flexibel auf relevante Umweltereignisse reagieren zu können.

Was damals fehlte, war ein deeskalierender Umgang des Personals mit sehr aggressiven Passagieren in Extremsituationen – wenn diese zum Beispiel frühmorgens nach einem langen Nachtflug aus Südamerika am Flughafen stundenlang auf ihre Koffer warten mussten und nicht wussten, warum. Informationen gab es keine, das menschliche Bedürfnis nach Orientierung und Kontrolle wurde dadurch massiv verletzt, der Stresslevel stieg, und es kam zu verbalen Eskalationen …

Dass das lange Warten etwas mit den Kontrollaktivitäten beim Zoll wegen möglicher Drogentransporte zu tun haben könnte, blieb eine – ebenfalls aus Sicherheitsgründen – unbestätigte Hypothese, zu der sich das Personal nicht äußern durfte, was bei den Flugreisenden verständlicherweise zu großem Verdruss führte. Es kam daher fast immer zu verbalen Eskalationen und Konflikten zwischen den völlig übermüdeten, gestressten und aufgebrachten Passagieren, die nur noch nach Hause wollten, und dem ebenfalls durch extreme Schichtarbeit belasteten Flughafenpersonal, das das Ende dieser Nachtschichten herbeisehnte und sich nicht mehr rollenadäquat verhalten konnte.

In unserem Projekt ging es also sowohl um das Entwickeln eines Konzeptes zum Selbst- und Stressmanagement des Personals in Extremsituationen als auch um das Finden angemessener Verhaltensweisen in Ausnahme- und Krisensituationen. Das Ergebnis war ein gemeinsam mit den Führungskräften entwickeltes Konzept zur Stärkung der Resilienz aller Beteiligten, das später ins mittlerweile preisgekrönte BGM-Angebot[1] des Konzerns aufgenommen wurde.

In der Folge ging es bei unserer Beratungsarbeit immer wieder darum, wie Menschen in herausfordernden Situationen und Krisen handlungs- und arbeitsfähig bleiben können und was Unternehmen oder Organisationen dazu beitragen können. Insbesondere die besonders belasteten Berufsgruppen aus den helfenden und psychosozial beratenden Berufen, aber auch das Gesundheitspersonal steht bei diesem Thema seither im Zentrum unserer Fortbildungs- und Beratungstätigkeit.

Dabei herrscht ja an Krisen kein Mangel: Finanzkrise, Terrorismus, Klimawandel und Umwelt, Corona – nach der Krise ist vor der Krise, so scheint es. Was genau bedeutet Krise eigentlich? Im Griechischen bedeutet *krisis* so viel wie »Beurteilung«, »Zuspitzung« oder »Entscheidung«. Im Lateinischen wurde daraus *crisis*, was bei uns vor allem medizinisch konnotiert ist und sich etwa übersetzen lässt mit

> »Wende- oder Höhepunkt einer bis dahin kontinuierlich verlaufenden Entwicklung. [...] In ihren ursprünglichen Bedeutungen ist die Krise also ein Zeitpunkt oder eine nicht besonders lang anhaltende Phase der Entscheidung mit ungewissem Ausgang: Nach der Krise kann es besser oder schlechter werden« (Urner 2021, S. 20).

Auch uns selbst hatte die Corona-Krise zu Beginn kalt erwischt: Persönliche Krisen haben wir ebenso durchlebt wie viele andere Menschen auch. Wir mussten plötzlich lernen, Krisenmanagement für uns selbst zu betreiben, Beratung von analog auf *remote* umzustellen, um als kleines Unternehmen zu überleben. Das war sehr anstrengend und hat zunächst viele Widerstände ausgelöst. Kurz nach dem ersten Lockdown im März 2020 hatten wir vorsichtig mit dem Schreiben begonnen – damals noch ohne genaues Ziel. Irgendwann nahmen wir die Pandemie einfach als »Begleitmusik« und Gelegenheit, um unsere Erfahrungen, Konzepte und Methoden zum Um-

1 BGM: betriebliches Gesundheitsmanagement.

gang mit Krisen in der Arbeitswelt hier mit unseren interessierten Lesern und Leserinnen zu reflektieren und zu teilen, uns durch die Arbeit an diesem Buch auf sinnvolle Weise zu beschäftigen und Geduld und Zuversicht zu lernen.

Dabei wollen wir hier für ein etwas anderes Verständnis von Krise werben: Durch die Globalisierungsfolgen, die Beschleunigung unseres Lebenstempos, den Klimawandel, gestiegene Anforderungen in Ausbildung und Beruf, Vereinbarkeitsproblematiken, Fluch und Segen der neuen Homeoffice-Arbeitswelt, den permanenten Veränderungsdruck in Organisationen usw. hat das Erleben von Krisen – auch jenseits von Pandemien – eine gewisse Normalität angenommen, so unser Befund. Diese Normalität mag nicht schön sein und sie macht auch häufig wenig Spaß, aber wir müssen sie so hinnehmen und schauen, wie wir so gut und so gesund wie möglich mit ihr umgehen können. Unser Gehirn bietet uns die Voraussetzungen dafür – so viel sei vorab schon verraten.

Wir wollen ein anregendes Fachbuch für Menschen vorlegen, die sich professionell mit dem Management von Krisen befassen und die dabei einen Mix von theoretischen Hintergrundkonzepten, Fallbeispielen aus unserer Beratungspraxis und praktischen Methoden zum Handling von Krisen schätzen. Der Fokus dieses Buches liegt klar auf der Resilienz in Krisen im Kontext von Führung und Teams in Organisationen. Der systemische Ansatz in seinen vielen Facetten zieht sich als roter Faden durch das Buch, auch wenn wir hie und da interdisziplinäre Abstecher in andere wissenschaftliche Gefilde unternommen haben.

Die Illustrationen von Jan P. Jung sollen für Abwechslung sorgen und das Lesen zu einem optischen Genuss machen.

Wir haben uns dem Thema *Resilient durch Krisen* aus verschiedensten Richtungen angenähert:

Kapitel 1 widmet sich zunächst den »Chancen und Risiken von Krise(n)«. Hier erfolgt eine erste Hinführung zum Thema, eine neurowissenschaftliche Selbstaufklärung darüber, was Krisen bei uns Menschen (und in Organisationen) an Gefühlen, Impulsen und Verhaltensweisen auslösen können, systemische Sichtweise(n) auf Krisen als evolutionäre »Normalfälle«, Ermutigungen zum Rückgriff auf verfügbare Ressourcen als Handlungsstrategie in Krisen, Dos und Don'ts für Menschen in Organisationen und natürlich auch – mit der aus der Tiefenpsychologie Fritz Riemanns entlehnten »Landkarte der Befürchtungen« – ein erstes Interventionsinstrument, das sich auch in die systemische Beratungspraxis gut integrieren lässt. Ein Exkurs ins Gebiet der Stressforschung darf hier natürlich nicht fehlen, damit bestimmte Verhaltensweisen in der Krise besser verstehbar werden.

In *Kapitel 2* geht es um »Krisen aus systemischer Sicht – Strategien zur Konfliktbewältigung«. Das Feld der Konfliktarbeit wird bisher in Theorie und Praxis überwiegend von anderen – eher interdisziplinär aufgestellten – Konzepten wie der Mediation bestellt. Fritz B. Simon (2018) hat Grundzüge einer systemischen Konflikttheorie erarbeitet, die wir hier vorstellen und methodisch garnieren wollen. Unser Praxisfokus liegt hier bei Fallbeispielen aus dem Non-Profit-Bereich, weil dieser für bestimmte Konfliktkonstellationen aufgrund ihrer strukturellen Verfasstheit besonders anfällig zu sein scheint. Die Konflikt-Matrix und andere systemisch-lösungsfokussierte Methoden runden das Kapitel ab.

Im *Kapitel 3* »Resilienz als menschliche Kernkompetenz in Krisen« haben wir versucht, den aktuellen Forschungsstand zu diesem immer bedeutsamer werdenden Thema aufzubereiten. Hier geht es um eine Hinführung zur Entstehung von Resilienz als Paradigma menschlicher Ressourcen – weg von der Sicht auf Fehler und Defizite hin zum Bewusstsein von Resilienz als Widerstands- und Überlebenskraft gerade in Krisen. Risiko- und Schutzfaktoren werden analysiert, Methoden zum Resilienztraining für Menschen in Organisationen oder im klinischen Bereich werden vorgestellt.

Kapitel 4 »Resilienz in Organisationen« widmet sich der durch die aktuellen Krisen virulenter und drängender gewordenen Frage, wie Organisationen ihre Resilienz stärken und ihr Personal gesund halten können.

Im letzten, *Kapitel 5* gehen wir schließlich der Frage nach, wie wir mit den »Chancen und Risiken der Beschleunigung« – wie wir sie u. a. aktuell unter dem Stichwort Digitalisierung erleben – umgehen können, was das für Führungskräfte und Teams bedeutet und wie auch große und alte Organisationen ihre Agilität trainieren können. Dazu stellen wir Ihnen entsprechende methodische Häppchen vor.

Dieses Buch hätten wir trotz aller Lockdowns bei laufendem Geschäftsbetrieb nicht ohne die Unterstützung und wissenschaftliche Mitarbeit unserer Kolleg:innen schreiben können. Unser großer Dank dafür geht Dank an Melisa Dippel, Manuel Gros, Carolin Koch,

Lea Sahm und Tatjana Rexroth für ihre wissenschaftliche Mitarbeit, viele Anregungen und ideenreiche Impulse.

Viele Menschen haben die Arbeit an diesem Buch mit großem Interesse und viel Anteilnahme verfolgt. Daher gilt unser herzlicher Dank unseren Kund:innen, Kolleg:innen, Freund:innen und Familien, die uns mit viel Geduld, Neugier, konstruktiver Kritik und nützlichen Hinweisen auf unserem manchmal auch einsamen Schreibprozess durch die Pandemie begleitet haben. Zum Abschluss dieses Prozesses ist uns mit den Entwicklungen der aktuellen weltpolitischen Lage schmerzlich klar geworden, dass nach der Krise vor der (nächsten) Krise zu sein scheint – oder, wie Steve de Shazer einmal sinngemäß gesagt hat: Das ganze Leben ist nichts anderes als ein verdammtes Ding nach dem anderen.

Besonders danken möchten wir dem Carl-Auer Verlag, der uns unaufgeregt, ruhig und professionell mit sehr viel Humor und lustigen Reframings bei unserer Arbeit an diesem Buch bestärkt und transparent durch alle Phasen der Produktion geführt hat. Insbesondere unserer Lektorin Nicola Offermanns gilt ein herzliches Dankeschön für ihre Geduld und starken Nerven im Lektoratsprozess.

Darmstadt, im März 2022
Ariane Bentner & Jan Jung

1 Chancen und Risiken von Krise(n)

Uncertainty is the only certainty there is.
John Allan Paulos

Was sind eigentlich Krisen?

Krisen gehören zu unserem Leben dazu, und gleichzeitig stören sie massiv. Krisen lassen sich getrost als Notfallsituationen bezeichnen, wobei es unterschiedliche Schweregrade und unterschiedliche Komplexität zu unterscheiden gilt.

Psychosozial betrachtet bedeutet Krise (griech. *krisis*) eine »schwierige Lage«, medizinisch »gefährliche Entwicklung« oder auch »Zuspitzung«. Das Schwierige und oftmals Charakteristische an der Krise ist, dass es sich dabei um Ereignisse handelt, die für uns unvorhersehbar erscheinen und zu deren Bewältigung unsere bisherigen Handlungsmöglichkeiten meist (noch) nicht ausreichen. Die eintretenden kritischen Ereignisse erscheinen ähnlich einem traumatischen Ereignis unkontrollierbar und lösen aufgrund ihrer Unbekanntheit starke Verunsicherung und teilweise massive Ängste aus. Kurz gesagt: Krisen überwältigen uns und lassen uns zunächst ohnmächtig und handlungsunfähig zurück.

Typisch für Krisen ist auch, dass es keine einfachen Lösungen gibt: Unser bisheriges Wissen, unsere Ressourcen und Handlungsroutinen reichen in der Krise meist nicht zur Bewältigung aus. Möglicherweise haben wir andere/ähnliche und aus unserer Sicht sogar vergleichbare Krisen im Leben schon erfolgreich überstanden und bewältigt. Die nächste Krise belehrt uns oft eines anderen: dass nämlich unsere früheren/bisherigen Strategien zur Bewältigung der aktuellen Herausforderungen nicht ausreichen. Der Umgang mit heftigen Krisen wie der Corona-Pandemie (zumindest im seit Langem mit Seuchen nicht mehr vertrauten Europa) glich oft einem Wettlauf zwischen Hase und Igel – der Hase hat immer die Nase vorn.

Zusammengefasst können wir festhalten: Krise ist in der westlichen Welt heutzutage tendenziell negativ konnotiert. Krisen wirken bedrohlich und lösen Stress und Unsicherheit aus. Sie bilden Zündstoff für Konflikte. Sie bedrohen unsere Handlungsroutinen, Ziele und Entscheidungen. Und, ganz wichtig: Krisen limitieren die Zeit, die uns zur Reaktion auf sie bleibt (Urner 2021, S. 20).

Die Sache mit der Krise ist also komplex. Das bedeutet, dass wir sie nicht völlig durchschauen und ganz verstehen können, solange wir noch keine explizite Krisenkompetenz erlernt haben. Und selbst wenn wir zum Beispiel aus der Finanzkrise ab 2007 etwas gelernt hätten, heißt das nicht, dass wir für die nächste Krise gut aufgestellt sind.

Was passiert mit uns in Krisen?

Ich habe mir die Krisen nicht ausgedacht.
Angela Merkel

Neurowissenschaftlich betrachtet werden in Krisen unsere basalen menschlichen Grundbedürfnisse nach Sicherheit und Bindung sowie nach Orientierung und Kontrolle massiv verletzt. Das ist für uns Menschen, besonders in der westlichen Welt, schwer auszuhalten. In der Corona-Krise kam in der Lockdown-Zeit die Einschränkung unserer Bewegungsfreiheit sowie unserer Freiheitsrechte dazu. Diese Häufung der Verletzung unserer Grundbedürfnisse dürfte nicht zuletzt Gruppierungen wie Corona-Leugner:innen, Querdenkende und andere Blüten von Verschwörungstheorien auf den Plan gerufen haben. Dabei wird oft vergessen, dass Krisen im Grunde genommen in der Evolution eher den Normalfall als die Ausnahme darstellen:

> »Man vergegenwärtige sich die Lebenssituation unserer Vorfahren bis vor kurzem, also bis vor kaum mehr als einem Jahrhundert. Nahrung war knapp und ungleich verteilt. Viele hungerten, nur wenige schlemmten. Das Leben war viel kürzer, und wer heute von ›prekärer Existenz‹ redet, hat vergessen, dass sehr viele früher ›prekär‹ lebten – in unsicheren Lebensverhältnissen. Und in grauer Vorzeit war die Existenz vollkommen vom Kampf gegen wilde Tiere, den Hunger und den mörderischen Nachbarstamm geprägt« (Horx 2020, S. 49).

Auch entwicklungspsychologisch lässt sich unser menschliches Leben durchaus als eine Aneinanderreihung von Krisen betrachten:

> »Geburt ist eine Krise, und zwar eine richtig heftige. Kindheit ist eine einzige Krise aus Hinfallen – Aufstehen – Strahlen – Weiterlaufen – Stärker werden – richtig Hinfallen ... Und noch mal von vorn. Pubertät ist eine Krise, in der sich unser Gehirn, unser Körper, unsere Gefühle und Bin-

dungen, ja, eigentlich alles umformt in einem geradezu chaotischen Prozess. Erwachsenwerden ist eine Krise, in der wir vieles erobern und auf vieles verzichten müssen. Und dabei doch vieles gewinnen können. [...] Altern ist eine Krise, in der sich entscheidet, ob wir verbittern und vereinsamen oder unser Leuchten an die Nachgeborenen weitergeben« (ebd., S. 38).

Bei Menschen in und außerhalb von Organisationen lassen sich oft Bewältigungsstrategien beobachten, die häufig im systemischen Sinne als Lösungsversuch anerkannt werden können, jedoch meist mit den falschen Mitteln. Vielfach handelt es sich bei diesen Strategien um ein »mehr vom Gleichen«. Was im Alltag noch halbwegs funktioniert haben mag, funktioniert jedoch in der Krise nicht zwingend auch. Dies ist besonders wichtig für die Arbeit mit Führungskräften, Gruppen und Teams.

Unsicherheit, Angst und Stress

In Krisen werden wir schmerzlich mit der evolutionsbiologischen Rückständigkeit unseres Gehirns konfrontiert, denn: Unser Gehirn ist einerseits ein Gewohnheitstier. Andererseits ist es aber auch ein hoch flexibles, dynamisches und lernfähiges Organ.

Im Normalfall geht unser Gehirn seiner »Lieblingsbeschäftigung« (Urner 2021, S. 106) nach: dem Treffen von Prognosen, mit dem Ziel, Ungewissheit zu minimieren. Unsere Tendenz zu Routinehandlungen und Gewohnheiten zeugen davon. Schätzungsweise bestehen 90 bis 95 % unserer Handlungen aus Gewohnheiten, unser Gehirn geht gerne den Weg des geringsten Widerstandes. Das spart Energie, die wir anderweitig nutzen können, und sichert unser Überleben, denn:

> »Das, was wir bisher getan haben, hat uns am Leben gehalten. [...] Warum sollten wir unsere Gewohnheiten hinterfragen, geschweige denn ändern? Vor allem, wenn [wie in Krisen, Anm. d. A.] eine Änderung des Altbekannten mit großem Aufwand inklusive Ungewissheit und Unsicherheit einhergeht?« (ebd., S. 96 f.).

Unser Gehirn ist zunächst einmal darauf gepolt, Abweichungen von der Routine, der Gewohnheit, Probleme und Defizite stärker zu gewichten als potenzielle Gewinne:

> »Forschungsergebnisse mit kleinen bis mittleren Geldsummen zeigen, dass wir Verluste im Schnitt doppelt so stark gewichten wie Gewinne. Ein

möglicher Verlust von 50 Euro wird von uns also genauso stark bewertet wie ein möglicher Gewinn von 100 Euro. [...] Unsere Tendenz, uns an den aktuellen Zustand zu klammern, bestimmt unser Leben in vielerlei Hinsicht« (ebd.).

In Krisenzeiten steigert sich die Unsicherheit, die Angst nimmt zu. Was passiert in unserem Gehirn? Abweichungen von der Routine, aber auch krisenhafte Herausforderungen erzeugen im Organismus das Erleben von Stress. Dabei kommt es zu einer Aktivierung des sympathischen Nervensystems mit verstärkter Katecholaminausschüttung und Mobilisierung von Energiereserven. Dies führt im Gehirn zu erhöhter Aufmerksamkeit: Etwas Dopamin und Endorphin werden ausgeschüttet und wirken zunächst euphorisierend – wir fühlen uns leicht high (»angeschickert«) und haben sogar ein kurzes Erfolgserlebnis!

> »Weil die verstärkte Ausschüttung von Dopamin gleichzeitig auch noch zur Bahnung und Verstärkung der zur Lösung des Problems aktivierten neuronalen Verschaltungen führt, wird man bei der Bearbeitung solcher und ähnlicher Herausforderungen auch noch immer besser. Aus den anfänglich noch sehr schwachen Verknüpfungen werden, je häufiger ein Problem auf die gleiche Weise gelöst wird, allmählich immer besser nutzbare Nervenwege, dann Straßen und am Ende sogar Autobahnen. Und von diesen kommt man später oft nur schwer wieder herunter. Dann versucht man es immer wieder auf die gleiche, eingefahrene Weise, und wenn sich irgendwann das Problem verändert und eine neue, innovative Lösungsstrategie gefunden werden müsste, sitzt man fest, fällt immer wieder in die alten Muster zurück. [...] Dann gerät man sehr leicht in Angst und Panik, dann erlebt man eine Krise« (Hüther 2010, S. 15).

Aufgrund der Unbekanntheit der neuen Anforderungen geraten wir schnell unter Druck. Bisherige neuronale Erfolgsbahnen funktionieren nicht mehr. Es entsteht Angst als Reaktion (s. Abb. 1). Im Gehirn werden jetzt sog. archaische Notfallmuster aktiviert. Als Auslöser von Angst reicht schon die *Vorstellung* der befürchteten oder erlebten negativen Reaktion anderer Menschen auf das eigene Verhalten, es muss gar nicht ein reales Ereignis sein. Diese Übererregung findet im komplexesten Teil unseres (Frontal-)Hirns statt:

> »Unter diesen Umständen ist aus den komplexen neuronalen Netzwerken des Frontalhirns kein ›vernünftiges‹ handlungsleitendes Muster mehr aktivierbar. Das Verhalten, auch das Fühlen und die Reaktion des Körpers werden jetzt von den tiefer liegenden, früher herausgeformten und stabileren neuronalen Netzwerken bestimmt« (ebd., S. 16).

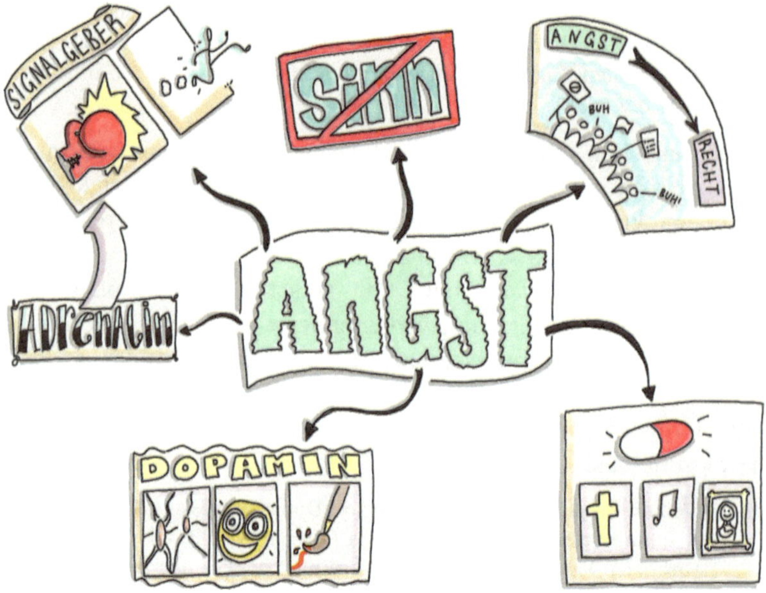

Abb. 1: Angst

Wir werden also vegetativ gesteuert von unserem Cocktail an Stresshormonen. Dann bleiben uns nur noch die drei bekannten archaischen Verhaltensmuster Angriff – Flucht – Totstellreflex: Es leuchtet ein, dass wir unter diesen Umständen nicht mehr vernünftig denken können und uns auch nicht mehr empathisch in andere Menschen hineinversetzen, vernünftige Handlungen planen oder die Folgen von Handlungen abschätzen. Wir befinden uns also im Stressmodus.

Stress ist ein archaisches Notfallprogramm unseres Körpers, das bei allen Säugetieren ähnlich abläuft. Stress dient der Überlebenssicherung. Seine Kennzeichen sind u.a.: Unsere Stimmung wird schlechter – und auch die Stimme unfreundlicher –, Stresshormone werden ausgeschüttet, der Herzschlag beschleunigt sich, die Pupillen weiten sich, Energie wird bereitgestellt, die Extremitäten werden mehr, die inneren Organe weniger durchblutet, wir spüren eine Zeit lang keine Schmerzen, damit unser Körper kämpfen oder flüchten kann. Das Stressprogramm läuft heute noch so ab wie vor vielen Millionen Jahren bei unseren Vorfahren. Es hat sich in der Evolution so herausgebildet, dass es unser Überleben in einer gefährlichen Umwelt sichert. Wir können es nicht willentlich beeinflussen, sondern nur wahrnehmen, dass es abläuft und entsprechende Maßnahmen ergreifen, die uns helfen, wieder ruhiger zu werden (Peters 2018).

Dabei lassen sich drei Formen von Stress unterscheiden (s. Abb. 2): *Guter Stress* gibt uns einen Kick, regt uns an und auf, hält eher nur kurz an und fällt dann von uns ab: Körpereigene Opiate werden dafür bereitgestellt – z. B., wenn wir Lampenfieber haben, verliebt sind oder Sport machen.

Abb. 2: Drei Formen von Stress

Tolerierbarer Stress kann auch mit einschneidenden kritischen Lebensereignissen einhergehen, z. B. chronischen Erkrankungen, Lebenskrisen und lösbaren Konflikten (Heirat, Geburt, Umzug, Trennung, Job-Verlust usw.). Hier können wir perspektivisch lernen, damit so umzugehen, dass wir diesen Stress tolerieren, das bedeutet, damit gut umgehen lernen, sodass wir stabil werden bzw. bleiben.

Toxischer Stress: Gefährlich wird es, wenn wir über längere Zeit und wiederholt in kritischen oder konflikthaften Situationen bleiben, die uns schaden und die Unsicherheit auslösen, die wir nicht bewältigen können. Dazu zählen z. B. chronische Unzufriedenheit am Arbeitsplatz oder in der Partnerschaft, Dauerkonflikte, Mobbing,

Schlafstörungen oder eben das Verharren im Krisenmodus. Wenn unser Stresslevel dauerhaft erhöht ist und wir nicht gegensteuern, »vergiften« wir unseren Organismus damit und können lebensbedrohlich krank werden. Es wird deutlich, dass die Gefahr in Krisen besonders groß ist, in toxischen Stress zu geraten.

Das transaktionale Stressmodell von Richard Lazarus zeigt, wie wir uns diesen Prozess genau vorstellen können (s. Abb. 3) (Lazarus a. Folkmann 1984).

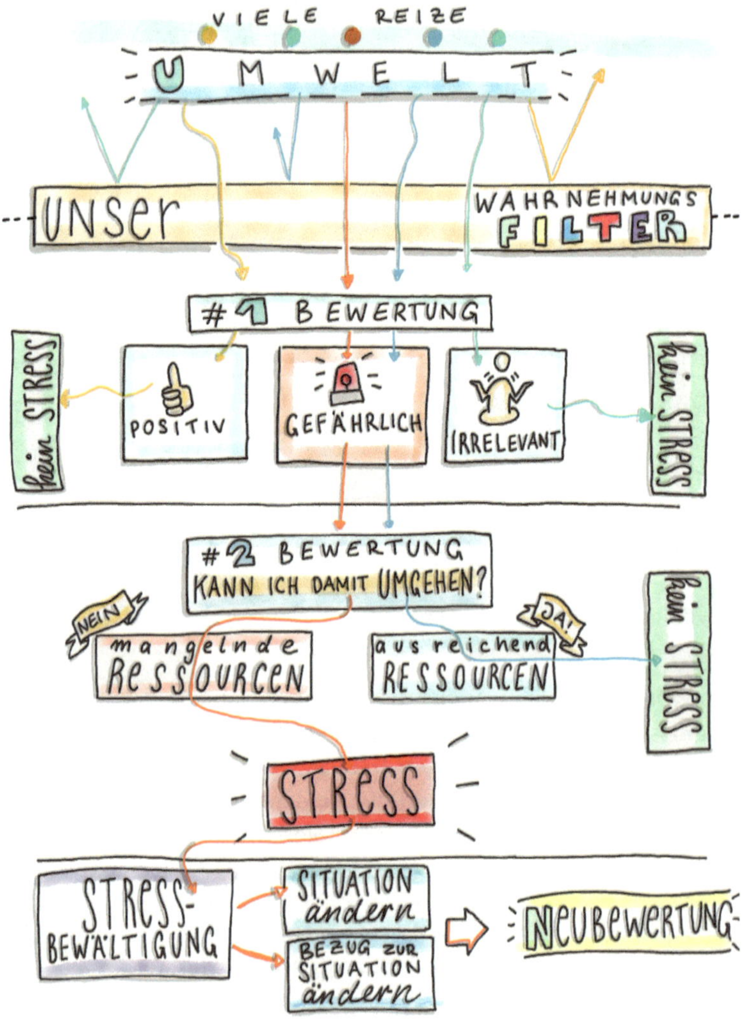

Abb. 3: Stressmodell nach Lazarus

Das Modell zeigt menschliches Stress-Erleben als komplexen und stark wechselwirksamen Prozess mit der Umwelt und ist in diesem Falle von oben nach unten zu betrachten. Im Unterschied zu anderen Stresstheorien geht Lazarus davon aus, dass das Erleben von Stressreaktionen weniger durch äußere, »objektive« Situationen oder Reize ausgelöst wird, sondern mehr durch unsere subjektiven Konstruktionen und Bewertungen: Was für die eine Person ein hochgradiger Stressauslöser ist, kann eine andere Person fast kalt lassen. Damit ist das Modell von Lazarus konzeptionell sehr gut an ein systemisches Stressmanagement anschlussfähig.

Als Individuen werden wir von unserer Umwelt mit einer Fülle von Reizen konfrontiert. Diese können ganz unterschiedlicher Natur sein und zeigen sich ganz »objektiv«: So können etwa der Geruch von gutem Essen, ein Sommermeeting ohne Klimaanlage, eine genervte Tonlage im Gespräch mit der Kollegin, ein bevorstehender Wechsel in einen neuen Job, ein anstehender Workshop, Hungergefühle und natürlich Krisenerleben Stress auslösen.

Diese zunächst mehr oder weniger »neutralen« Umweltreize wirken auf uns ein. Hier existiert ein in der Regel gut funktionierender Filter unserer Wahrnehmung. Dieser Filter schützt uns und selektiert meist unbewusst bereits im ersten Schritt viele Reize aus, die sich als subjektiv nicht relevant erweisen. Wir benötigen diese Form der gerichteten Aufmerksamkeit, um nicht von der Masse an existenten Reizen überfordert zu werden. Dieser Mechanismus hilft uns, einen Aufmerksamkeitsfokus zu setzen und mit bewussten Handlungen reagieren zu können.

Diejenigen Reize, die durch unseren Wahrnehmungsfilter durchgekommen sind, werden nun von unserem Gehirn in drei Kategorien bewertet:

- *positiv*: Beispielsweise nehme ich den Geruch von Essen bewusst wahr und freue mich auf die bevorstehende Mittagspause. Ich habe genug Kleingeld dabei und weiß, dass die Kantine geöffnet ist. Diese sogenannte primäre Bewertung löst in mir Freude aus, ich bleibe entspannt.
- *irrelevant:* Beispielsweise nehme ich den genervten Unterton einer Kollegin in einem Meeting wahr, kann aber ziemlich valide deuten, dass dieser sich nicht auf meine Person oder meine Handlungen bezieht, sondern wahrscheinlich auf die Ansagen

der Führungskraft bezogen ist. In diesem Fall ist die Wahrnehmung für mich nicht primär relevant und löst keine Stressreaktion aus, auch hier kann ich entspannt bleiben.
- *gefährlich:* Jetzt wird es aus stresstheoretischer Sicht interessant. Beispielsweise erhalte ich eine Mail von meiner Führungskraft. Ich soll kurzfristig einspringen und einen Workshop zu einem mir nur teilweise bekannten Thema leiten. Der eintreffende Reiz löst in der ersten Bewertung etwas Bedrohliches in mir aus, ich bekomme Angst: Im Gehirn werden die archaischen Muster aktiviert, der berühmte Säbelzahntiger tigert vor meiner sprichwörtlichen Höhle vorbei, und in meinem Kopf entstehen explosiv mehrere Horrorszenarien: »Bei einem schlechten Workshop verliere ich Ansehen bei den Kolleg:innen«; »Wenn ich das gegen Wand fahre, ist meine geplante Beförderung dahin«.

An diesem Punkt geht das Stressmodell nach Lazarus nun noch eine Ebene tiefer. In einer zweiten Bewertung wird intern analysiert, ob wir tatsächlich Stress empfinden. Die spontan aufgetretenen Befürchtungen aus der ersten Bewertungsstufe machen uns darauf aufmerksam, dass für uns relevante Ziele durch den ankommenden Reiz in Gefahr sein könnten (unabhängig davon, ob es kurzfristige, soziale, monetäre oder langfristige Ziele sind). In der zweiten Bewertungsrunde stellt sich nach diesem Modell die Frage, ob wir bisher genügend Ressourcen und Erfahrungen gesammelt haben: Kann ich damit umgehen? Habe ich die nötigen Ressourcen, um die Anforderung zu bewältigen? Kann ich diese Frage mit Ja beantworten, so entsteht kein weiterer Stress bzw. kurzfristig aufgetretener Stress kann sich abbauen und meine Befürchtungen können sich quasi in Luft auflösen. In diesem Fall könnte es zum Beispiel die Erfahrung sein, dass ich auch mit wenig Aufwand einen guten Workshop aus dem Hut zaubern kann, da es in der Praxis sowieso immer anders kommt als gedacht.

Stelle ich an dieser Stelle fest: Mir fehlen die Ressourcen für diese Anforderungen, ich habe noch keine Erfahrungen mit dieser Sache, so entsteht Stress. Wir reagieren mit Stressreaktionen auf körperlicher, emotionaler, mentaler oder verhaltensbezogener Ebene. Im Beispiel wäre dies die Erkenntnis, dass ich fest davon überzeugt bin, mich bis zum geplanten Workshoptermin auf gar keinen Fall in die

Thematik einarbeiten zu können oder zumindest nur unter größter Anstrengung mit ungewissem Ausgang.

Auf der untersten Ebene des Modells schließt sich der Bereich der Stressbewältigung an. Im Modell nach Lazarus kann die Bewältigung im Wesentlichen auf zwei Arten stattfinden:

- *Möglichkeit 1:* Ich ändere die Situation durch proaktives Verhalten. Im Workshopbeispiel könnte dies bedeuten, dass ich einen erfahrenen Kollegen bitte, mir bei der Vorbereitung des Workshops zu helfen, dass ich nur das Wesentliche vorbereite und den Rest dann vor Ort improvisiere, oder dass ich den Workshoptermin verschiebe, um mehr Zeit für eine adäquate Vorbereitung zu haben. Im Modell nach Lazarus wird diese Strategie auch »problemorientiertes Coping« genannt.
- *Möglichkeit 2:* Ich verändere meinen Bezug zur Situation. Hier ist eine Veränderung der Einstellung zum Stressor gemeint: Wenn ich an den bevorstehenden Workshop denke, dann sehe ich zwar die Gefahr des Scheiterns, reflektiere aber meine bisherigen Leistungen und erkenne, dass ich in der letzten Zeit schon viele ähnliche Situationen gemeistert habe und mir da vertrauen kann. Ich bin in der Lage, die bevorstehende Situation als Herausforderung anzuerkennen und positiver zu bewerten. Hier findet ein Wechsel in der Beurteilung der Umweltsituationen statt.

Zusammenfassend findet nach Lazarus in jedem Fall eine Neubewertung der Situation statt. Sie kann weiterhin Stress auslösen, weil es im Bereich der Stressbewältigung nicht möglich ist, etwas zu ändern oder meine Einstellung anzupassen. Oder ich kann adäquat mit der Situation umgehen lernen und ihr durch mein Verhalten oder eine Einstellungsänderung weitgehend stressfrei entgegentreten.

Das Bemerkenswerte an diesem Stressmodell ist die übergeordnete Metaperspektive. Lazarus hat in seinem Modell versucht, alle Ebenen einer Stress-Situation einzubeziehen. Für die Arbeit mit Stress in Krisen ist das Modell deshalb besonders wertvoll, weil auf allen Ebenen die Subjektivität von Stress miteinbezogen wird:

> »Entscheidend für das richtige Verständnis des Stressgeschehens ist, dass es auf der subjektiven Einschätzung der Anforderungen und der eigenen Fähigkeiten und Ressourcen beruht. Es kommt nicht darauf an, ob die Situation, in der wir uns gerade befinden, ›objektiv‹ gesehen oder von

außen betrachtet eine Überforderung darstellt. Entscheidend ist allein, dass wir die Situation so erleben und interpretieren« (Kaluza 2015, S. 9).

Im Lazarus-Modell wird ebenfalls ersichtlich, dass Stress eine zentrale Problemlösungsfunktion erfüllt. Die verschiedenen möglichen Reaktionen darauf signalisieren uns, dass die für uns wichtigen Motive und Ziele in Gefahr sind. Wichtig ist zu verstehen, dass es sich hier in den allermeisten Fällen um ein Programm handelt, das weitgehend automatisch abläuft, vegetativ gesteuert wird und sich von uns nur bedingt beeinflussen lässt. Außerdem ist es zeitlich kaum messbar. Die bewusste kognitive Leistung wird von uns in der Regel nur bei komplexen Sachverhalten abverlangt (vgl. ebd.).

Krisen verstehen und managen

Menschen können Krisen sehr unterschiedlich erleben. Es ist völlig normal, dass wir alle bei Eintreten von krisenhaften Belastungen zunächst mit psychischem Leistungsabfall und mehr oder weniger schneller oder langsamer Erholung darauf reagieren.

Es wird deutlich, dass Menschen in Krisen gezielte Handlungsstrategien benötigen, um ihr Stressmanagement und ihre Resilienz auszubauen und zu stärken. Das können ganz verschiedene Strategien sein. Diese Strategien dienen auch der Prävention und dem Training zum Umgang mit weiteren Krisen und lohnen sich daher immer, denn unser Gehirn ist wie gesagt auch zu ganz anderen Strategien fähig:

> »Neben [...] evolutionsbiologisch alten Strukturen und deren Funktionsweisen, die uns nicht von anderen Tieren auf diesem Planeten unterscheiden, hat das menschliche Gehirn aber auch neuere Strukturen, allen voran der präfrontale Kortex [...]. Er lässt uns vorhersagen, planen und gibt uns (Selbst-)Bewusstsein. Die vielleicht beste Nachricht bezieht sich aber nicht auf die Anatomie unseres Gehirns, sondern auf seine Funktionalität. Der präfrontale Kortex ist sozusagen die strukturelle Voraussetzung, das Werkzeug oder Instrument, das es unserem Gehirn erlaubt, in jedem Moment seine ganz eigene, neue Musik zu spielen. Denn unser Gehirn verändert sich ständig, und das ein Leben lang. Es ist bis zum letzten Synapsenfunken plastisch« (Urner 2021, S. 153).

Frau R. hat ihre vorherige Stelle als Leiterin einer Stabsstelle nur ungern aufgegeben. Sie fühlte sich in der alten Organisation sicher und geborgen. Ihre damalige Vorgesetzte hatte Zeit für sie, wenn es

Probleme oder Fragen gab, und das Team hat auch gut funktioniert. Sie hatte dort klar umrissene Fachaufgaben, denen sie sich gewachsen fühlte. Leider war die Bezahlung so schlecht, dass Frau R. sich zu einem Wechsel entschloss und nun seit Kurzem Leiterin einer ähnlich zugeschnittenen Stabsstelle bei einer anderen Organisation geworden ist. Sie hat deutlich mehr Mitarbeitende und einen Vorgesetzten, der zwar freundlich, aber nie da ist und von ihr nicht behelligt werden möchte. Außerdem hat sie beim neuen Arbeitgeber schon einen wenig wertschätzenden Umgang ihr gegenüber kennengelernt. Hinzu kommen die Corona-Krise und das Gefühl, die an sie gestellten Erwartungen nicht erfüllen zu können. Dies liegt auch an ihrer Wahrnehmung, überfordert zu sein.

Es zeigt sich im Laufe der Beratung, dass Frau R. bei genauem Hinschauen viele fachliche Voraussetzungen für die aktuelle Stelle gar nicht erfüllt, und es bleibt unklar, warum sie die Stelle bekommen hat. Kraftzehrende Konflikte mit den verschiedensten Akteur:innen intern und extern pflastern ihren neuen Berufsweg. Sie kommt zum Coaching mit dem Anliegen, mehr Sicherheit und Professionalität in ihrer neuen Funktion zu erreichen. Sie wirkt sehr unsicher. Es fällt auf, dass Frau R. immer wieder darüber klagt, nicht genug Unterstützung von ihrem Vorgesetzten zu bekommen, der nur möchte, dass sie funktioniert, und die gemeinsamen Besprechungen zeitlich auf ein Minimum reduziert, wo Frau R. sich genau das Gegenteil wünschen würde.

Nach dem ersten Jahr geht es ihr (nicht nur pandemiebedingt) so schlecht, dass sie über einen erneuten Stellenwechsel nachdenkt und eine Therapie beginnt. Wir befassen uns mit dem Thema ihrer Befürchtungen und Ängste. Dabei stellt sich heraus, dass sie selbst mit einer psychisch kranken Mutter mit vielen Ängsten aufgewachsen ist, früh Verantwortung für diese übernehmen musste und sich vom Vater, der in seine Arbeit und Karriere flüchtete, mit der kranken Mutter alleingelassen fühlte. Dieses Grundgefühl, alleingelassen zu werden, überträgt sie immer wieder auf ihren neuen Chef, der sich von ihrer Anhänglichkeit genervt fühlt und den Kontakt zu ihr reduziert.

Sie hatte als Kind wenig soziale Kontakte außerhalb der Familie, und in der aktuellen Situation fällt es ihr sehr schwer, ein Netzwerk zu ihrer professionellen Unterstützung aufzubauen. Wir sprechen über ihre Stressmanagement- und Resilienzkompetenzen, und es zeigt sich, dass sie sich zwar bemüht – auch mithilfe von Seminaren und Coaching – aber im Grunde für die Anforderungen der Rolle zu vulnerabel ist.

Als Interventionsrichtung wählt die Beraterin zunächst den Fokus auf die Klärung von Rolle und Kontext und lädt die Klientin ein, zu prüfen, welche Erwartungen (an sich selbst, aber auch von außen) realistisch und angemessen sind und welche nicht. Im Laufe der weiteren Beratung kann Frau R. zunehmend Strategien zur Stressbewältigung und Resilienzförderung integrieren und deutlich an Selbstwirksamkeit gewinnen, sodass ihr ihre Arbeit wieder sinnstiftend erscheint und ihre Zufriedenheit wächst.

Interventionsinstrument in Krisen: Die Landkarte der Befürchtungen

Als vorsichtiges Experiment für die Arbeit mit Führungskräften (und Teams), die dafür offen sind, hat die Bertelsmann-Stiftung eine sog. »Landkarte der Befürchtungen und Ängste« als Reflexions- und Interventionsinstrument entwickelt. Die Landkarte kann helfen, in geschützter Atmosphäre (Coaching, Seminare oder Team- und Führungskräfteentwicklung usw.) ins Gespräch über eigene (teilweise unbewusste) Ängste zu kommen. Es ist bisher aus unserer Erfahrung eher nicht üblich, im Arbeitskontext über Ängste zu sprechen, und Menschen in Organisationen wird auf der Handlungsebene eher absichtsvolles Kalkül und strategisches Vorgehen unterstellt als Angst als Handlungsmotiv.

Nicht nur in Krisenzeiten kann es sich daher lohnen, hier genauer hinzuschauen und einen vorsichtigen Dialog zu starten. Angst im Sinne des Psychoanalytikers Fritz Riemann kann hier in zwei Richtungen wirken: Einmal kann sie lähmend wirken und damit Entwicklung und Veränderung verhindern. Sie kann andererseits aber auch Menschen zur Weiterentwicklung anspornen. Die Hintergrundidee bei diesem Instrument ist, dass es hilfreich sein kann herauszufinden, welche Ängste uns warum umtreiben.

Von der systemischen Sichtweise her kann hier auch ein Blick in die Familiengeschichte (z. B. ins Genogramm) nützlich sein, um zu erkennen, wovor wir eigentlich Angst haben, welche Ängste als Trigger wirken und welche wir möglicherweise transgenerational übernommen haben. Die Landkarte der Angst ist nach Riemann eine Matrix zwischen den Gegensatzpaaren Nähe/Distanz sowie Wechsel/Dauer (s. Abb. 4).

Menschen mit einer *Distanz-Ausrichtung* haben nach Riemann (2009) den Wunsch, unabhängig zu sein, niemanden zu brauchen und sich selbst zu schützen. Hinter diesem Motiv steht die Angst vor einer Abhängigkeit, vor zu viel Nähe und dem damit einhergehenden Verlust des eigenen Ichs. Innerhalb der beruflichen Tätigkeit kann dies durch Kontaktschwierigkeiten zum Ausdruck kommen. Personen mit dieser Tendenz können von ihren Kolleg:innen als kühl oder gar arrogant erlebt werden. Die Stärken dieser Ausrichtung liegen in der Abgrenzungsfähigkeit und einem hohen Maß an selbstständigem Arbeiten. Des Weiteren verfügen sie aufgrund ihrer Abgegrenztheit über eine besondere Individualität und Entschlossenheit.

Menschen, die sich in der *Dauer-Ausrichtung* befinden, haben den Wunsch nach einer bedingungslosen Absicherung. Alles sollte so bleiben, wie es ist und seine Ordnung haben. Dahinter steht die Angst vor Chaos, vor Grenzenlosigkeit. Im beruflichen Kontext zeigt sich dies als starker Ausdruck von Perfektionismus, der auch in eine Intoleranz münden kann. Diese Menschen können von ihren Kolleg:innen als kontrollierend und konservativ verstanden werden. Doch wie alle Ausrichtungen bringt die Dauer-Ausrichtung ebenfalls besondere Stärken mit sich. Eine hohe Verlässlichkeit sowie eine Bodenständigkeit kann der Mensch in Dauer-Ausrichtung leisten. Er kann innerhalb eines Teams eine Stabilität bieten und durch seine Treue die Dauer ermöglichen.

Die letzte Ausrichtung ist die *Wechsel-Ausrichtung*, der Gegenpol zur Dauer. Menschen in Wechsel-Ausrichtung haben den Wunsch, sich nicht festzulegen, keine Entscheidung treffen zu müssen. Hinter diesem Motiv steht eine Angst vor Endlichkeit und Unfreiheit. Menschen mit dieser Ausrichtung fühlen sich schnell eingeengt. Innerhalb des Arbeitskontextes kann sich dies durch Ungeduld, das Vermeiden und Ausweichen von Unangenehmem und konfliktären Situationen zeigen. Im Team kann diese Tendenz als Kränkung oder Abweisung verstanden werden. Die Stärken einer Person in einer hohen Wechsel-Ausrichtung liegen in der Kreativität und Begeisterungsfähigkeit. Sie können offen und charmant wirken und bringen stets einen frischen Wind und Inspiration ins Team.

Wie bereits deutlich geworden ist, können die einzelnen Ausrichtungen Teamprozesse ebenso vorantreiben wie lähmen. Personen können als wertschätzend (zuverlässig, offen) oder als hoch konfliktär (kalt, ungeduldig) wahrgenommen werden. Daher kann die Landkarte der Befürchtungen ein gutes Gesamtbild aller Grundausrichtungen aufzeigen und somit unterschwellige Konflikte verstehbar und greifbar machen. Die verschiedenen Grundausrichtungen von Nähe und Distanz sowie Wechsel und Dauer greifen unsere Ängste, Wünsche, Stärken auf und wirken somit ebenfalls in den beruflichen Alltag hinein (Zoller u. Nussbaumer 2019).

Menschen mit einer *Nähe-Ausrichtung* haben den Wunsch, umsorgt zu werden, sich geborgen zu fühlen und aufgehoben zu sein. Dahinter steht die Angst, verlassen zu werden, isoliert zu sein oder in Einsamkeit zu leben. Beruflich kann dies durch eine Abhängigkeitsbeziehung innerhalb eines Teams oder zur Führungskraft zum Ausdruck kommen. Führungskräfte in einer Nähe-Ausrichtung können verunsichert oder planlos wirken. Menschen mit einer besonders hohen Nähe-Ausrichtung können ebenfalls viel »jammern« oder über Selbstmitleid klagen, um eine Nähe zu anderen herzustellen. Die Stärken einer Person mit einer Nähe-Ausrichtung liegen insbesondere in dem hohen Einfühlungsvermögen sowie in einer Hingabefähigkeit zu ihrem Beruf und einem hohen Maß an Geduld. Menschen mit einer Nähe-Ausrichtung stellen ihre Bedürfnisse oft hinten an, um dem Wohl der Gemeinschaft zu dienen.

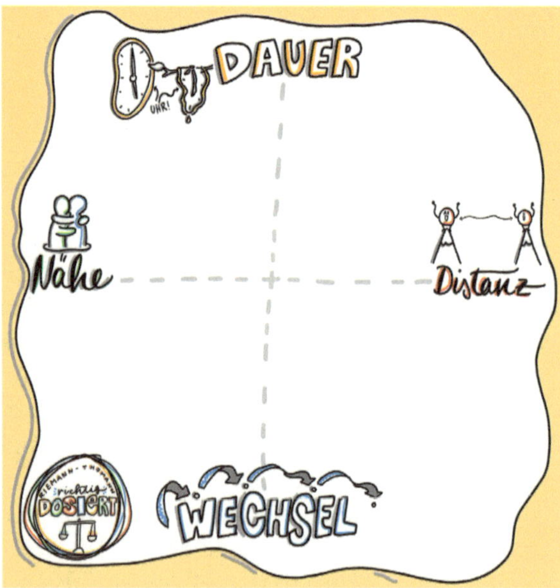

Abb. 4: Landkarte der Befürchtungen

Folgende Fragen können gestellt werden:

- Wann gab es zuletzt eine Situation, wo ich mich sehr unwohl gefühlt habe und nicht so recht wusste, warum?
- Wenn Sie auf die Landkarte blicken, erinnert sie Sie an eine konkrete Situation aus Ihrem Leben? Wo finden Sie sich wieder und wo weniger? Welches Gefühl löst das evtl. aus?
- Kennen Sie angsteinflößende Geschichten aus der Vergangenheit/der Organisation?
- Was blockiert Sie im Handeln?
- Was würde geschehen, wenn Sie die Angst als Ansporn und Energizer nutzen könnten? (Vgl. Spilker 2020, S. 80 ff.)

Tipps & Tricks für das persönliche Krisenmanagement

- nicht einfach dem Stressmodus folgen, sondern versuchen, sich zu beruhigen, eine erwachsene Haltung einzunehmen und sich auf eine gute Zukunft zu fokussieren
- nicht auf schnelle Bedürfnisbefriedigung oder sofortige Problemlösung hoffen, das klappt in der Krise leider nicht
- akzeptieren, dass es jetzt etwas auszuhalten gibt, was wir kaum ändern oder beeinflussen können
- gewohnte Umtriebigkeit herunterfahren
- Zuversicht suchen und Angst reduzieren.[2]

Krisen in Organisationen

In Organisationen verstehen wir unter Krisen einen Ausnahmezustand von der Routine und damit einen Notstand. Dabei ist jede Krise einzigartig. Ihr Handling ist sehr anspruchsvoll, und aus unserer Außenbeobachtung können nur diejenigen Organisationen Krisen gut händeln, die schon vorher bewusst an ihrer Widerstandskraft (Resilienz) gearbeitet haben oder – wie in sicherheitsrelevanten Unternehmen – daran arbeiten mussten und ein gezieltes Krisenmanagement aufgebaut haben. Das dürfte tendenziell nur auf solche Organisationen zutreffen, die entweder selbst in der Katastrophenhilfe tätig sind (Feuerwehr, DRK, THW usw.) oder die in sicherheitsrelevanten Bran-

2 Nach Klöcker 2020.

chen operieren. Es dürfte kein Zufall sein, dass gerade für diese Organisationen das Thema Resilienz früh in den Fokus ihrer Aufmerksamkeit gelangt ist. Wie uns die Pandemie gezeigt hat, ist aber der Fokus auf Resilienz auch für solche Organisationen keine Garantie gewesen, unbeschädigt aus der Krise herauszukommen (vgl. Kap. 4).

Wachsen ohne Strukturanpassung

Ein kleiner freier Träger von personenbezogenen Dienstleistungen im Bereich aufsuchender Sozialarbeit ist in der Corona-Krise in eine Organisationskrise geraten: Obwohl auf einem Wachstumsmarkt agierend, hat der Träger seit seiner Gründung vor 40 Jahren seine internen Strukturen nicht an neue Umweltbedingungen angepasst. Nachdem die beiden Gründer der Organisation vor Kurzem in Rente gegangen sind, wurde ein Nachfolger als Geschäftsführung eingestellt, der kaum eingearbeitet wurde, da keine Übergabezeit vorgesehen war. Schon dieses Vorgehen stellt für Organisationen ein kaum zu unterschätzendes Risiko dar, weil relevante und wertvolle Informationen nicht fließen können. Der Vorstand findet es völlig normal, dass Geschäftsführer in der Lage sein müssen, sich selbst einzuarbeiten.

Der frühere Führungsstil der Gründer wird als menschlich zwar wertschätzend und strukturell, aber oligarchisch und intransparent beschrieben, ein internes Controlling fand nicht statt, es kam zu Unregelmäßigkeiten, wie sie in Non-Profit-Organisationen immer wieder auftreten. Der neue Geschäftsführer versuchte nun, verschiedene Veränderungsprozesse zu initiieren, um den neuen Anforderungen von außen begegnen zu können. Dazu gehörte u. a. die Etablierung einer neuen Hierarchie-Ebene zwischen Geschäftsführung und Mitarbeitenden. Der Vorstand des Trägers wird seit 20 Jahren von derselben Person geleitet, sodass sich auch auf dieser Ebene die gleiche Struktur wie in der Organisation abbildet. Die Kommunikationsprozesse in Vorstand und Organisation sind wenig gesteuert, und seit dem Weggang der Gründer hat sich erstmals in der Organisationsgeschichte ein Betriebsrat gebildet, der aggressiv auftritt und scheinbar eher seine eigenen Interessen vertritt als die des Personals, das er eigentlich vertreten soll. Die Fronten wirken verhärtet, die frisch eingesetzte, neue zweite Führungsebene ist noch sehr unsicher, die interne Kommunikation ist sehr aggressiv und wenig zielführend, unbearbeitete Konfliktstoffe wabern im Untergrund.

Der neue Geschäftsführer wird von einem Headhunter abgeworben und kündigt seine Stelle nach einem Jahr. Hinzu kommt, dass die psychische Verfassung vieler Klient:innen sich im Lockdown-Modus massiv verschlechtert hat und die Mitarbeitenden nicht wissen, wie sie ihre Arbeit sinnvoll machen sollen, da ein virtuelles Betreuen nicht möglich ist. Die Kündigung des allseits beliebten neuen Geschäftsführers löst intern massive Unruhe und eine zusätzliche Krise aus. Obwohl man mit seiner Arbeit sehr zufrieden war, unternimmt der Vorstand nichts, um ihn zu halten. Die neuen Führungskräfte werden in eine hastig einberufene Kurz-Organisationsentwicklungsmaßnahme gesteckt, wo sie möglichst schnell führen und leiten lernen sollen ... Die Lage ist schwierig, die Stimmung durchwachsen.

Typische Fehler und Risiken in Krisen

Störungen bergen jedoch bekanntlich als Kehrseite der Medaille gerade in Krisenzeiten auf der anderen Seite auch die meist unerwünschte Chance, dass Gruppen, Teams und Organisationen schmerzhaft aufmerksam werden auf menschliche und strukturelle Versäumnisse, die einem bisher zwar immer wieder ins Bewusstsein gekommen, aber im Zuge des Funktionierens im bisherigen Modus genauso oft wieder in Vergessenheit geraten sind – man spricht hier auch von Organisations-Amnesien.

Krisenmanagement bedeutet immer, Stabilität herzustellen, wo ein System (Menschen/Gruppen/Organisationen) von Instabilität oder schlimmstenfalls vom Zusammenbruch bedroht ist. Wobei Instabilität auch ihr Gutes haben kann: Sie kann z. B. bedeuten, dass eine alte Ordnung, ein altes Muster sich im Übergang zu einem anderen, neuen befindet. Das bedeutet, dass jede Krise sich trotz aller Schmerzen auch als Chance betrachten lässt, auch wenn wir das nicht auf Anhieb erkennen, sondern oft erst hinterher. Häufige Risiken für Führungskräfte sind dabei: nur den eigenen Bereich oder die eigene Perspektive im Fokus zu haben, also den Tunnelblick zu bekommen, der typisch ist für Stress-Erleben. Dazu kommt die Angst, sich mit unpopulären Maßnahmen Kritik einzuhandeln. Es ist zu beobachten, dass Führungskräfte in der Corona-Zeit vielfach auf lang erlerntes, aber in der Krise nicht unbedingt zielführendes Verhalten rekurrieren. Außerdem tritt die Gefahr der Selbstüberschätzung in Form von Planungsoptimismus und Illusionen hinzu, dies hat man nach dem ersten Lockdown gerade in der extrem gebeutelten Luftfahrtbranche gesehen, die sich selbst prognostizierte, in einem überschaubaren Zeitraum wieder auf das alte Niveau zurückzukehren. Dies hat sich als Wunschdenken erwiesen. Eine weitere Gefahr lauert im Beharren auf dem, was bisher auch schon funktioniert hat, sowie auf der Personalisierung von Problemen und der Sündenbockproduktion. Hinzu tritt die stetige Gefahr, die auftretenden komplexen Probleme auf einfache Ursachen zurückzuführen, wie das bei den Anhänger:innen der Querdenker-Gemeinde und Verschwörungsgeschichten-Gläubigen geschieht. Kurz: Es ist aus neurowissenschaftlicher Sicht ein Risiko, den Impulsen unseres »Steinzeithirns« nachzugeben, weil das die Probleme verstärkt.

Etwas vereinfacht gesagt wäre es besser, wenn wir – wie es auch im systemisch-lösungsorientierten Paradigma angelegt ist – versuchen würden, unser Gehirn und unsere Energie so zu nutzen, dass wir mehr auf unsere Ressourcen, Kompetenzen und Ideen in Richtung Lösungsfindung fokussieren würden (vgl. Urner 2021).

2 Krisen aus systemischer Sicht – Strategien zur Konfliktbewältigung

Das ist ja das Verführerische am Konflikt: Er verspricht Macht, wo man sich sonst mit der Beschränktheit des eigenen Einflusses zufriedengeben muss. Hier liegt der narzisstische Gewinn für Kämpfer: Sie können nicht einfach ignoriert werden, wenn sie anderen Schaden zufügen.

(Simon 2018, S. 117)

Krisen und Konflikte können einander bedingen und sind gleichzeitig nur bedingt trennscharf: Wie wir bei der Corona-Pandemie gesehen haben, führen heftige Krisen unweigerlich zur (wenn auch unbeabsichtigten) Generierung unvorhergesehener Konflikte, weil Menschen und Organisationen in normalen (Nicht-Krisen-)Zeiten tendenziell nach festgelegten Routinen handeln, die in Krisenzeiten nicht mehr funktionieren. Krisen können danach zunächst einmal als Störung unserer Alltagsroutinen betrachtet werden.

Grundannahmen einer systemisch-konstruktivistischen Konflikttheorie

Dass Konflikte nicht nur nicht zu vermeiden sind, sondern gelegentlich vom Zaune gebrochen oder verstärkt werden sollten, muss hier […] ausdrücklich betont werden. Denn in der Regel wird immer nur thematisiert, wie sich Konflikte vermeiden, lösen oder schlichten lassen. Konflikte genießen einen ausgesprochen schlechten Ruf. Doch das haben sie nur zum (wenn auch ziemlich großen) Teil verdient. Denn dass es ohne Konflikte keine Veränderung und keine Entwicklung gibt – sei es psychisch, sei es gesellschaftlich –, darf als gesichert angesehen werden.

(Simon 2018, S. 10, Herv. i. O.)

Wenn wir mit der systemischen Perspektive auf unser Thema schauen, ist es vorab wichtig, Grundannahmen der Systemtheorie zu klären: Wovon sprechen wir, wenn wir den doch recht abstrakten Begriff »System« verwenden?

Mit System (von griech. *systema* = »Zusammengestelltes«) sind zusammengesetzte Einheiten etwa einer Organisation gemeint: Das sind einmal die einzelnen Elemente, aus denen sie zusammengesetzt sind. Im Falle einer Organisation könnten das z. B. die verschiedenen Abteilungen oder Teams sein. Zweitens bestehen Systeme aus internen Wechselbeziehungen und Strukturen, wozu wir etwa das Organigramm und Arbeitsprozesse ebenso wie die Kommunikation zählen können. Schließlich gehört die Unterscheidung und Abgrenzung von ihren inneren (andere Abteilungen, Filialen, Tochterfirmen) und äußeren Umwelten (andere Organisationen, Kund:innen) ebenso zur Definition dazu wie die Gestaltung der jeweiligen Wechselbeziehungen (Intensität, Qualität, Stärke) und Strukturen zwischen System und Umwelt (vgl. Simon 2018, S. 9). Wichtig ist dabei, dass aus systemischer Perspektive Personen ohne soziale Systeme nicht ent- und bestehen können und soziale Systeme umgekehrt nicht ohne Personen auskommen (Luhmann 1984, S. 92).

Der Nutzen einer systemischen Konfliktbetrachtung besteht im Unterschied zu anderen Konflikttheorien nun darin, dass sie auf nahezu alle psychischen wie sozialen Phänomene und Systeme von der Familie bis zum Konzern anwendbar ist, weil ihre Annahmen hinreichend allgemein und abstrakt gehalten sind.

Abb. 5: Konflikte aus systemischer Sicht

Konflikt (von lat. *confligere* = »zusammentreffen, kämpfen«) im systemischen Sinne meint einen Kommunikations- bzw. Denk- oder Gefühlsprozess (als sozialen/psychischen Prozess), bei dem eine Position (etwa ein Wunsch, Bedürfnis, eine Sichtweise oder Handlung) vom Gegenüber verneint wird und diese Verneinung wiederum verneint wird. Dieses Prozedere nennt man auch etwas abstrakt die *Negation der Negation* (s. Abb. 5). Das bedeutet in der Praxis, eine Person/Partei A äußert einen Wunsch, ein Anliegen oder eine Forderung, was von Person/Partei B abgelehnt wird. Dabei ist wichtig, dass Konflikte immer auf diesen drei Ebenen spielen:

- Einmal geht es um die sog. *Sachdimension*, also den Sachverhalt: Was ist genau passiert?
- Dann geht es um die sog. *Sozialdimension*, also die Beziehungsgestaltung: Wie wirkt sich das auf unsere Beziehungen aus?
- Und drittens geht es um die *Zeitdimension*. Konflikte sind in aller Regel in der *Vergangenheit* entstanden und wirken in die Gegenwart fort, daher kann es relevant sein, die Genese eines Konfliktes auf einem Zeitstrahl (s. Abb. 6) zu rekonstruieren. Dies hat sich insbesondere bei hochstrittigen Konflikten bewährt, wie sie etwa in der Trennungs- und Scheidungsberatung häufig vorkommen. Bearbeitet werden kann trotzdem nur die *Gegenwart*, und die gefundenen Lösungen gelten nur für die *Zukunft*.

Die Konflikt-Matrix (vgl. Abb. 9 in diesem Kapitel) stellt hier ein nützliches Analyse- und Interventionsinstrument zur Konfliktarbeit bereit.

Abb. 6: Die Konfliktskala

Beförderung

Ein Abteilungsleiter möchte die Beförderung seiner Mitarbeiterin, mit der er früher auch persönlich befreundet war, um eine Hierarchiestufe nach oben um jeden Preis verhindern, weil sie dann Mitglied seines Leitungsteams würde und er sich regelmäßig mit ihr konfrontieren müsste. Da er ihre Beförderung damals sogar selbst vorgeschlagen hatte und diese auch genehmigt wurde, ist es jetzt schwer, seine nachträgliche Ablehnung zu begründen.

Daher »inszenieren« beide einen Konflikt, in dem sie sich gegenseitig im Hinblick auf ihr Sozialverhalten die schlimmsten Dinge vorwerfen: Der Abteilungsleiter bezeichnet seine Mitarbeiterin als psychisch krank und unfähig, die Leitungsposition auszufüllen, und die Mitarbeiterin wirft der Leitung vor, sie zu mobben. Die Sache eskaliert, es werden viele Gespräche mit allen an der Leitung Beteiligten darüber geführt, ein Mediationsversuch scheitert, und der Betriebsrat wird involviert. Auf der Hierarchieebene darüber stellt sich Ratlosigkeit ein ...

Wie wir hier sehen, ist grundlegend für das Auftauchen eines Konfliktes das *Nebeneinander* von zwei unterschiedlichen Positionen, die sich ausschließen *können*, jedoch nicht zwingend logisch ausschließen *müssen*: Wie im Fallbeispiel *Beförderung* gab es zumindest in dieser Organisation einmal – in der Vergangenheit – einen Zeitpunkt, wo alle Beteiligten sich darüber einig waren, dass die Mitarbeiterin für eine Beförderung zur Leitungskraft geeignet erschien. Das Finden einer gemeinsamen Lösung wird dadurch deutlich einfacher, wenn es eine gemeinsame Schnittstelle zwischen den Konfliktparteien gab oder sogar noch gibt.

Unterschieden werden aus systemischer Sicht auch *starke* von *schwachen* Konflikten (Simon 2018, S. 23 ff.): *Starke* Konflikte zeichnen sich dadurch aus, dass die beiden Positionen, Haltungen oder Operationen der Konfliktbeteiligten so widersprüchlich sind, dass sie sich quasi logisch ausschließen. In der Sprache des Tetralemmas (vgl. Abb. 11) wären das die sich logisch ausschließenden Positionen Entweder-oder bzw. das Eine vs. das Andere. Auf der Handlungsebene zeigen sich im starken Konflikt jeweils entgegengesetzte und tendenziell schnell eskalierende Verhaltensweisen.

Bei *schwachen* Konflikten liegen die Positionen der Beteiligten gar nicht so weit auseinander, wie es manchmal erscheint, oder sie sind nicht sehr trennscharf. Auf der Handlungsebene liegen die Akteur:innen hier oftmals näher beieinander, und es geht eher darum, ob bestimmte Handlungen vollzogen oder nicht vollzogen werden sollen.

Anders gesagt: Das Existieren eines Konfliktes aus systemischer Sicht bedarf *eindeutiger Unterscheidungsmerkmale*:

> »Wo es keine eindeutigen Merkmale der Unterscheidung gibt, gibt es auch keinen Konflikt. Das dürfte einer der Gründe sein, warum sich Menschen, denen die Verwicklung in einen Konflikt droht, oft so ›wachsweich‹ oder ›nebulös‹ ausdrücken und ›rumeiern‹« (ebd., S. 24).

Aus systemischer Sicht ist gerade dieser *Zustand der Unentschiedenheit* recht charakteristisch für (vor allem chronifizierte, alte) Konflikte. Er dauert so lange an, wie der Konflikt nicht gelöst ist. Abgeschlossen aus dieser Sicht ist ein Konflikt erst dann, wenn eine Entscheidung getroffen wurde und der Konflikt damit erledigt ist (ebd., S. 11). Diese Entscheidung lässt sich mit verschiedenen Methoden der Konfliktvermittlung durch die Konfliktparteien selbst oder unterstützt durch neutrale Dritte (Mediation, Klärungshilfe usw.) oder mit Macht (Gericht spricht Urteil) oder in Organisationen durch die Hierarchie (Entscheidung von oben) herbeiführen. Das bedeutet, aus systemischer Sicht ist insbesondere für Gruppen, Teams und Organisationen das Herbeiführen von Entscheidungen existenziell wichtig, um (nicht nur, aber gerade) in Krisen unnötige Konfliktinszenierungen zu beenden.

Woran merken wir überhaupt, dass es sich um einen Konflikt handelt? Wie beginnen eigentlich Konflikte und was gilt es dabei für Führungskräfte und Teams zu beachten? Wie können Beteiligte sich selbst für das Entstehen (oder unbewusste Inszenieren) von Konflikten sensibilisieren? Wo können extern Beratende einhaken?

Im klassischen Konfliktmanagement (Glasl 2010) besteht ein Unterschied zwischen Problem und Konflikt (s. Abb. 7). Während ein Problem sich in der Regel als ein möglicherweise unerfreulicher Sachverhalt verstehen lässt, wird das Entstehen von Konflikten so definiert, dass bei mindestens *zwei* beteiligten Akteur:innen nicht nur unterschiedliche Wahrnehmungen, Meinungen oder Haltungen vorhanden sein müssen (im Sinne des Tetralemmas: das Eine vs. das Andere), sondern dass die Beteiligten beginnen, sich gegenseitig etwas »anzutun«, zu agieren, sich also anders als bisher zu verhalten. Dieses (meist negativ) veränderte Wahrnehmen und Handeln signa-

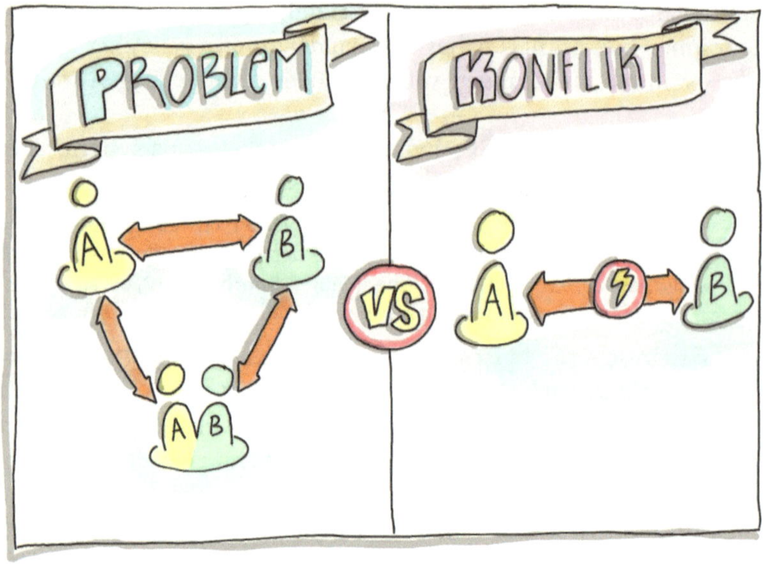

Abb. 7: Unterschied Problem – Konflikt

lisiert damit den Beginn eines Konfliktes. Der Eine fühlt sich durch das Tun oder Lassen des anderen beeinträchtigt und gibt verbal oder nonverbal zu verstehen, dass er dieses Verhalten nicht unbeantwortet lassen kann. Die Eskalation nimmt so ihren Lauf. Im alltäglichen Miteinander kann eine solche Eskalation je nach Beziehungsqualität z. B. durch Missverständnisse, erlebte Kränkungen, Zurückweisungen, Beleidigungen usw. ihren Anfang finden, jedoch auch durch kommunikative Klärung frühzeitig aus der Welt geschafft werden.

Das bei der Konflikteskalation entstehende interaktive Wechselspiel zwischen mindestens zwei Beteiligten lässt sich aus soziologischer Sicht als Verstoß gegen die sog. »expressive Ordnung« (Goffman 1967, S. 24 ff.) verstehen. Damit ist ein kommunikatives Verhalten gemeint, das sich z. B. in Organisationen rollenspezifisch anlehnt an das, was hier von der Unternehmenskultur her üblich ist. Es geht also um eine gewisse kommunikative Selbstbeschränkung, die eine Rolle einem auferlegt. Dabei werden von Führungskräften andere Verhaltensweisen verlangt als von Teammitgliedern, in der Familie wiederum andere als in der Arbeitswelt:

> »Man sagt seinen Mitmenschen nicht, was man über sie denkt – zumindest nicht alles. Man behelligt andere nicht mit seinen Grübeleien,

> Seelenqualen und Problemen, es sei denn, sie werden dafür bezahlt (Psychotherapeuten, Seelsorger etc.) oder man hat eine intime, familiäre Beziehung zu ihnen. In der Familie gilt nicht die gleiche expressive Ordnung wie in der umgebenden Gesellschaft. Ohne expressive (Selbst-)Beschränkungen der Individuen wäre es kaum möglich, eine sachorientierte Kommunikation innerhalb von aufgabenorientierten Organisationen zu etablieren. All die Aspekte des individuellen Erlebens, die nicht ohne die Sachorientierung zu stören bei der Kommunikation mitlaufen, müssen unausgesprochen und unthematisiert bleiben« (Simon 2018, S. 81 ff.).

In der Beratungspraxis lässt sich häufig gerade bei besonders belasteten Berufsgruppen (wie etwa den personenbezogenen Dienstleistungs- und Helferberufen) ein Überschreiten der expressiven Ordnung beobachten. Anstatt die eigenen Gefühle in Belastungssituationen besonders zu schützen, werden diese oft hemmungslos der Umwelt mitgeteilt.

Zwei Fallbeispiele: Störung der expressiven Ordnung

Das Servicepersonal am Flughafen wird von übernächtigten Passagier:innen, die stundenlang auf ihr Gepäck warten müssen und keine Information über die Hintergründe bekommen, beschimpft. Daraufhin schimpft das Personal zurück, was zwar aus Sicht der Stressforschung vollkommen nachvollziehbar ist, aber dennoch eine klare Überschreitung des zu erwartenden Rollenverhaltens darstellt und zu eskalieren droht.

In Kitas gehört das Weinen nicht nur bei Kindern, sondern auch beim pädagogischen Fachpersonal in einigen Fällen zum akzeptierten kommunikativen Verhalten. Während sich das Weinen bei Kindern im Kindergartenalter jedoch in entsprechenden Situationen durchaus als völlig normales Verhalten betrachten lässt, kann es bei einer Erzieherin, die in einem Mitarbeitergespräch von ihrer Chefin in einem Punkt kritisiert wird, durchaus als Störung der expressiven Ordnung unter Erwachsenen in der Kita als Organisation betrachtet werden, was in der Praxis jedoch vielfach nicht geschieht.

Sinn der expressiven Ordnung ist das Herstellen einer berechenbaren Kommunikation für alle Beteiligten in Organisationen. Störungen der expressiven Ordnung basieren aus unserer Beobachtung häufig auf einem Überlastungs- oder Überforderungserleben des psychischen Systems der Beteiligten und entsprechend fehlenden

Bewältigungsstrategien im Sinne des Resilienz- und Stressmanagements. Meist ist weder den Führungskräften noch den Teammitgliedern bewusst, wozu dieses Verhalten führen kann. So stellt das Einhalten der expressiven Ordnung auch einen Schutz vor Entgrenzung der Kommunikation und damit vor unnötiger Konflikteskalation dar. Denn:

> »Die expressive Ordnung kann längerfristig nur dann aufrechterhalten bleiben, wenn die Mitglieder einer Gruppe nicht nur Selbstachtung zeigen, sondern auch ein bestimmtes Maß an Rücksichtnahme auf die Selbstachtung der anderen. Wenn man in Frieden miteinander leben will, so muss man nicht nur das eigene Image, das öffentliche Bild der eigenen Person, sondern auch das der anderen und ihre damit verbundenen Gefühle [Herv. i. O.] schützen. Dazu bedarf es der Fähigkeit, sich mit seinem Gegenüber identifizieren zu können und eine Ahnung davon zu haben, wie er erlebt« (ebd., S. 82).

Umgekehrt führt das Überschreiten der expressiven Ordnung häufig zu kränkendem und grenzverletzendem Verhalten, auch wenn es in der Organisation an der Tagesordnung ist, wie unser Fallbeispiel von Herrn E. zeigt:

Herr E. meldet sich krank

Herr E. ist Abteilungsleiter einer großen Abteilung in der Verwaltung. Er versucht seit Längerem mit Erfolg, seine Abteilung durch Umstrukturierung neu aufzustellen und an die neuen Erfordernisse der Umwelt anzupassen. Dabei hat er viel im Alleingang gemacht und sich dabei immer tiefer in Konflikte mit verschiedenen Beteiligten (seinem neuen Vorgesetzten sowie einigen Mitgliedern seines Teams) verstrickt. Sein Leitungsteam hat ihn bisher immer unterstützt und viel aufgefangen, zumal Herr E. sich oft ohne erkennbaren Grund krankmeldet und die Arbeit dann von seinem Team erledigt werden muss.

Herr E. wurde aus aktuellem Konfliktanlass »nach oben« zitiert und dort seiner Wahrnehmung nach »zur Schnecke« gemacht. Er ist nach diesem Gespräch mit seinem Chef sozusagen zusammengebrochen und hat die Gelegenheit genutzt, sich danach bei seinem Team erst einmal richtig »auszuweinen« und über den Chef zu schimpfen.

Das Team ist ambivalent und verstört. Es schwankt zwischen Verständnis und Anteilnahme für Herrn E. und dem durchaus nachvollziehbaren Gefühl von Ärger und Wut, hier wieder einmal gründlich instrumentalisiert und manipuliert zu werden, zumal er sich danach sofort wieder krankmeldet und seine Arbeit dem Team überlässt. Dieses Verhalten führt zu einem weiteren Konflikt, dieses Mal zwischen dem Team und seinem Vorgesetzten.

Abb. 8: Der Konfliktcocktail

Die Berichte oder Erzählungen von Konfliktbeteiligten weisen fast immer eine bestimmte »Cocktail-Struktur« auf, in der sich verschiedene narrative Ebenen *vermischen* (s. Abb. 8). Es handelt sich um die in der systemischen Beratung generell relevanten Unterschiede zwischen *Beschreiben, Erklären und Bewerten,* die sich im Konfliktfall vermischen und die wir auf der Interventionsebene versuchen sollten, zu ent-mischen, um sie bearbeitbar zu machen. Hierbei kann eine einfache Konflikt-Matrix (s. Abb. 9) hilfreich sein:

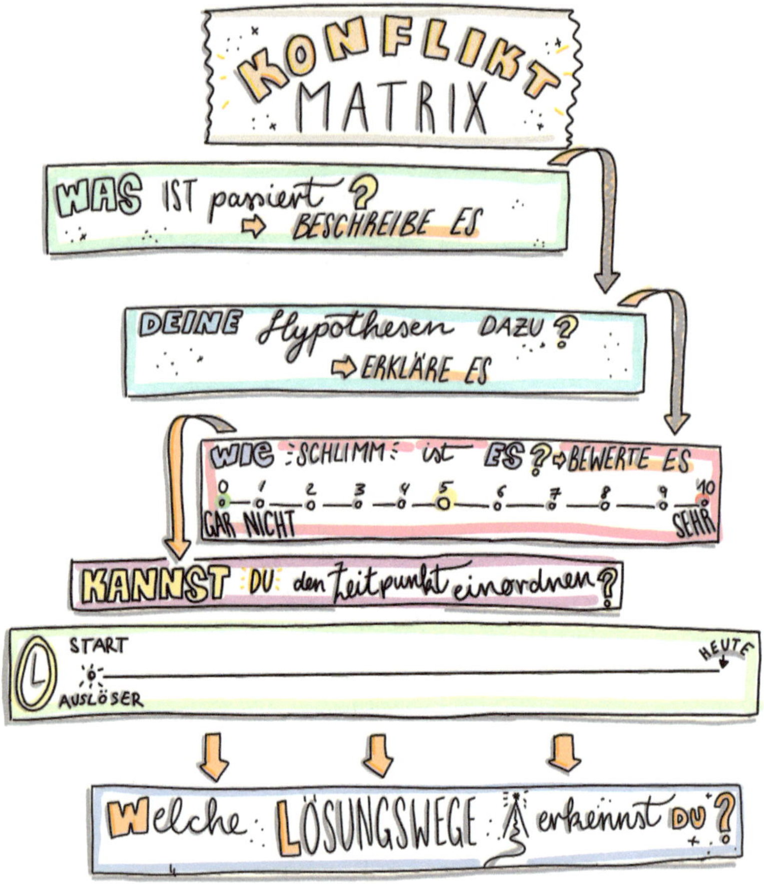

Abb. 9: Konflikt-Matrix

Beschreiben

Da menschliche Wahrnehmung immer selektiv ist, ist es sehr schwierig, im Nachhinein zu rekonstruieren, was genau sich zugetragen hat – dies zeigen Zeugenvernehmungen vor Gericht sehr anschaulich. Denn der Gedächtnisprozess von Menschen funktioniert nicht wie eine Videokamera, sondern hat eine gewisse Fehleranfälligkeit. So beschreiben Akert, Aronson und Wilson (2014), dass eine Person nach Beobachtung eines realen Ereignisses *drei Phasen* des Gedächtnisprozesses durchläuft: *Akquisition* (was der Mensch bemerkt), *Speicherung* (was der Mensch speichert) und *Abruf* (woran sich der

Mensch erinnert). Diese Phasen können eingeschränkt sein, beispielsweise durch die Menge der Informationen, die aufgenommen werden sollen, oder irreführende Fragen an einen Zeugen. Hierzu sind in der Sozialpsychologie viele interessante Experimente durchgeführt worden, die aufzeigen, dass sowohl das Befragungssetting als auch die Aussagen anderer Zeug:innen und die gesellschaftliche Norm über das vermeintliche Aussehen von Täter:innen die Zeugenaussagen retrospektiv verzerren kann (vgl. ebd., S. 575).

Auch die Neuropsychologie hat Erkenntnisse zur subjektiven Wahrnehmung[3] von Menschen. Denn um sich in der Umwelt zurechtfinden zu können und nicht überfordert zu sein, greift das Gehirn zum Mittel der Selektion, also der Filterung unserer Wahrnehmung. Natürlich haben alle Menschen vergleichbare Sinnesorgane und Fähigkeiten zur Reizaufnahme, allerdings ist die Bewertung und Interpretation (z. B. der Wichtigkeit) jeweils kontextabhängig eine andere (Stangl 2021).

Gleichzeitig bildet aber das »Aufdröseln« von unterschiedlichen Beschreibungen der erlebten Wirklichkeit auch eine der wenigen Chancen, die konflikthaften Geschehnisse zu rekonstruieren und einer Lösung zuzuführen. Dabei kann die Konflikt-Matrix (s. Abb. 9) ein methodisch wertvolles Interventionsinstrument darstellen.

Erklären

Ein weiterer Bestandteil des narrativen Konfliktcocktails bildet die Erklärung der Beteiligten, wie es zum strittigen Sachverhalt gekommen sein mag. Dabei handelt es sich um Hypothesenbildung im Sinne der Alltagserkenntnis, aber auch der Forschung. In der Forschung geht man nach dem Prinzip der Falsifikation vor, d. h., eine Hypothese bleibt so lange bestehen, bis sie empirisch widerlegt wurde:

> »Analog wird im Alltag verfahren: Wir stellen Hypothesen auf, wie ein Geschehen zu erklären ist. Wenn es um Handlungen von Menschen geht, heißt das in der Regel, dass nach Schuldigen und Verantwortlichen […] gesucht wird. Wer ist oder war der Täter? Fragen, wie ein Problem zu erklären ist, führen […] mit ziemlicher Sicherheit zu Konflikten« (Simon 2018, S. 34).

---

3 Definition »subjektive Wahrnehmung«: Online Lexikon für Psychologie und Pädagogik. Verfügbar unter: https://lexikon.stangl.eu/19902/subjektive-wahrnehmung [20.12.2021].

Aus diesem Grunde empfiehlt es sich auf der Interventionsebene, den Blick in die Vergangenheit tendenziell zu vermeiden, denn er führt unweigerlich zur Schuldfrage und diese unweigerlich in die weitere Konflikteskalation. Lässt sich der Blick in die Vergangenheit nicht gänzlich vermeiden, so könnte man nach den *guten* Absichten der Beteiligten suchen bzw. ihnen lautere Motive unterstellen, auch wenn ihre Lösungsversuche im hypnosystemischen Sinne vielleicht Lösungsversuche mit den falschen Mitteln gewesen sein mögen.

Stattdessen empfiehlt sich für Konfliktbegleitende an dieser Stelle der Blick nach vorne und in die (bessere) Zukunft. Dabei bewähren sich gerade für Konflikte in Teams und Organisationen verschiedene Szenarien für verschiedene gute »Zukünfte«. Denn:

> »Auch als Individuum tut man gut daran, sich den Ambivalenzen zu stellen, die mit (lebens)wichtigen Entscheidungen verbunden sind. Es ist kein Zeichen eines charakterlichen Defizits, sich zwischen verschiedenen Handlungsoptionen (die sich aus widersprüchlichen Erklärungen/Rezepten für das Erreichen eines Ziels ergeben) hin- und hergerissen zu fühlen, sondern – ganz nüchtern gesehen – ein Zeichen von Intelligenz. Nur einfältige Leute kennen keinen Zwiespalt und handeln stets ambivalenzfrei« (ebd., S. 36).

Bewerten

Menschliche Beobachtung ist immer gekoppelt an emotionales Erleben, und schon daher findet immer eine Bewertung statt. In der von Luc Ciompi (1982) sogenannten *Affektlogik* menschlichen Erlebens sind Denkprozesse immer gekoppelt an Gefühle, und Gefühle wiederum prägen unser Denken. Diese Prozesse führen nun zu Konflikten, wenn sie negativ sind:

> »Was zu Konflikten führen kann und muss (!), sind moralische, ethische, ästhetische, ökonomische, politische, ideologische […], vor allem aber emotionale Bewertungen, die Entscheidungen über Handlungen zur Folge haben« (Simon 2018, S. 37).

Deshalb lohnt es sich auf der Interventionsebene, diese drei Ebenen *Beobachten, Erklären* und *Bewerten* sehr genau zu unterscheiden und die Tatsache, dass sehr wahrscheinlich alle Konfliktbeteiligten ganz unterschiedliche Perspektiven auf das Konfliktgeschehen haben, als Ressource für eine mögliche Konfliktlösung zu nutzen. Wie wir im folgenden Fallbeispiel sehen, können Konflikte dabei sehr überraschende Wendungen nehmen. Hier bietet sich aus der systemisch-lösungsfokussierten Arbeit zum Beispiel die Arbeit mit der Skalierungsfrage an: Wie schlimm ist es?

Langzeitkrankheit

Frau L., die Abteilungsleiterin einer großen Abteilung eines schnell wachsenden Unternehmens, kommt mit ihrer Stellvertreterin, Frau S., nach 6-jährigem Konfliktgeschehen auf Impuls der Geschäftsleitung zur Konfliktberatung. Die Fronten sind sehr verhärtet. Die Vorgesetzte Frau L. macht ihrer Stellvertreterin viele Vorwürfe, wirkt sehr fordernd und wütend. Frau S. sieht sich als Opfer, fühlt sich von ihrer Chefin und dem Unternehmen insgesamt gemobbt und zu dieser Konfliktberatung genötigt ...

Es sind zunächst drei Konfliktsitzungen angesetzt, das Unternehmen wünscht eine Lösung oder Entscheidung des Konfliktes, die es bisher selbst aber nicht erreichen konnte. Was lässt sich durch die Konfliktberaterin auf der Ebene der Beschreibungen rekonstruieren?

Die Ebene der Beschreibungen

Angefangen hatte die Zusammenarbeit der beiden Führungskräfte vor knapp sieben Jahren ganz harmonisch: Frau L. bekam diese Abteilung übertragen, die damals mit ca. 30 Mitarbeitenden sehr überschaubar war. Sie durfte sich ihre Stellvertretung selbst aussuchen und stellte Frau S. als externe Wunschkandidatin ein. Frau S. erlitt nach der Einarbeitungszeit einen Bandscheibenvorfall, der zu einer längeren krankheitsbedingten Abwesenheit führte, sodass Frau L. die Abteilung lange Zeit alleine händeln musste.

In dieser Zeit begann die Abteilung, durch interne Umstrukturierungen sehr schnell auf heute 300 Mitarbeitende anzuwachsen. Nach ihrer Rekonvaleszenz etablierte sich bei Frau S. ein Muster von häufigen und langen Fehlzeiten, teilweise über mehrere Monate, mit den Elementen: Rückkehr an den Arbeitsplatz, kurze Phase von Anwesenheit und dem vergeblichen Versuch, sich wieder einzuarbeiten, und erneuter Krankheit usw. Zuletzt hatte der Arbeitgeber Frau S. ins BEM-Verfahren (Betriebliches Eingliederungsmanagement) hineingenommen, allerdings hatten die dort geführten Gespräche aus der Sicht beider Führungskräfte zu keinem Ergebnis geführt – daher der Versuch einer externen Konfliktbegleitung.

Die Ebene der Erklärungen

Die stellvertretende Leiterin Frau S. erklärte die Ereignisse der letzten Jahre damit, dass sie ihre Chefin nur im ersten halben Jahr der Zusammenarbeit als wirklich nett und kooperativ erlebt habe und dass sie in der Folge keinerlei Verständnis für ihre langwierigen Erkrankungen gezeigt habe, sondern sie im Gegenteil in der Krankheitsphase auch privat angerufen und gedrängt habe, schnell an den Arbeitsplatz zurückzukehren. Auch das Unternehmen selbst habe sich mittlerweile gegen sie gestellt, indem man sie zum BEM-Verfahren quasi genötigt habe, obwohl das rechtlich gar nicht erlaubt sei. Sie könne nichts dafür, dass sie immer wieder langfristig erkrankt sei, ihre Ärztin habe sie darin bestärkt, keinesfalls vorzeitig an den Arbeitsplatz zurückzukehren.

Frau L. erklärt, sie habe sich im Charakter ihrer Stellvertreterin offenbar grundlegend getäuscht: Nachdem sie beide eine so gute erste Zeit miteinander gehabt hätten, als die Abteilung noch klein war, habe Frau S. sie als Vorgesetzte quasi im Regen stehen lassen, während die Abteilung extrem durch die Umstrukturierung schnell gewachsen sei. Sie habe ihre Stellvertretung zunehmend als Hindernis und nicht als Entlastung erlebt, da diese nach jeder Rückkehr aus der Langzeiterkrankung erwartet hätte, dass sie als Chefin sie erneut wieder einarbeite, wozu ihr jegliche Zeit gefehlt habe und was sie nicht als ihre Aufgabe ansehe. Im BEM-Verfahren habe sie Frau S. als bockig und unkooperativ erlebt und sie empfinde es als Zumutung, sich so zu verhalten.

Die Ebene der Bewertung

In der Konfliktarbeit ist es eher die Regel als die Ausnahme, dass die Beteiligten die (Konflikt-)Sache als solche negativ erleben und entsprechend bewerten. So war es auch in diesem Fall. Die Vorgesetzte fand den chronifizierten Konflikt mittlerweile so schlimm, dass sie sich eine weitere Zusammenarbeit mit Frau S. nicht mehr vorstellen konnte. Auch Frau S. bewertete den Konflikt negativ, wobei sie sich eher unverstanden fühlte und als Opfer sah.

Die Interventionsrichtung

Nachdem wir versucht hatten, den Konfliktcocktail durch die Trennung der drei Ebenen Beschreiben, Erklären und Bewerten zumindest ein wenig zu ent-mischen, wurde der Blick frei für andere Perspektiven. Die Beraterin fokussierte zunächst auf die strukturellen

Aspekte des Konflikts, die sie hier wahrgenommen hatte: Offenbar handelte es sich um ein Unternehmen, das durch enorm schnelles Wachstum mit einer Verzehnfachung der Belegschaft allein in dieser Abteilung strukturell regelrecht überflutet wurde. Während Frau L. versuchte, die Ärmel tüchtig hochzukrempeln und den Change-Prozess aktiv zu gestalten, zeigte sich bei Frau S., dass sie sich von dieser sich schon früh abzeichnenden Entwicklung hoffnungslos überfordert fühlte. Sie betonte mehrfach, dass der Charme dieser Abteilung bei ihrer Bewerbung von außen gerade in der Übersichtlichkeit mit 30 Mitarbeitenden bestanden habe und sie nie etwas anderes gewollt habe, als in einem überschaubaren Rahmen zu arbeiten. Mit 300 Mitarbeitenden umzugehen sei nie ihr Ziel gewesen und zum Zeitpunkt der Bewerbung auch nicht absehbar.

Die Beraterin ließ sich zu der provokativen Frage hinreißen, ob Frau S. schon einmal darüber nachgedacht habe, sich evtl. beruflich noch einmal zu verändern und sich eine andere/kleinere Unternehmung zu suchen? Dies wurde zunächst massiv zurückgewiesen, Frau S. lasse sich auch von der Beraterin nicht aus dem Unternehmen mobben. Die Chefin hingegen hoffte immer noch, ihre ehemalige Stellvertreterin »zur Vernunft« und von der Einstellung her zurück zu den gemeinsamen Anfängen zu bringen. So führte die gewählte Interventionsstrategie zunächst scheinbar zu einer Verschlimmerung des Konfliktes.

Die Lösung/Konfliktentscheidung

Während es in der zweiten Sitzung überwiegend in die Eskalationsrichtung ging und beide Frauen sich gegenseitig mit Vorwürfen überschütteten, versuchte die Beraterin es mit dieser Hausaufgabe: Sie gab beiden Beteiligten die Fragestellung mit, wie denn – für den Fall ihres doch Weiter-miteinander-Arbeitens – ein kleinster gemeinsamer Nenner aussehen könnte?

Zur dritten und letzten Sitzung kamen beide Frauen emotional recht geklärt: Frau L. hatte für sich mithilfe eines Coaches geklärt, dass es für sie keinen Sinn ergebe, sich weiterhin mit Frau S. »herumzuschlagen«. Sie könne und wolle anerkennen, dass Frau S. vor sieben Jahren durchaus die richtige Wahl für die Rolle ihrer Stellvertretung gewesen sei, aber eben nicht unter der Maßgabe dieses damals noch nicht absehbaren rasanten Wachstums der Abteilung. Im Grunde hätte sie viel zu lange gewartet und sich auch von der Geschäftsleitung hinhalten und vertrösten lassen, was sie heute bedauere. Sie ärgere sich heute über sich selbst. Was sie brauche, sei eine funktionierende und anpackende Stellvertreterin, und das könne Frau S. beim besten Willen nicht sein. Sie wolle dafür kämpfen, dass sie eine neue Stellvertretung bekomme, ansonsten würde sie kündigen.

Frau S. hatte sich zwischenzeitlich mit ihrer Ärztin beraten und war zu dem Schluss gekommen, dass es wenig Sinn mache, weiterhin in diesem Unternehmen zu bleiben, wo sie ohnehin keine Chance mehr auf einen vernünftigen Neuanfang habe – egal wo. Sie habe sich auf dem Markt umgesehen, und ihr sei eine Stelle in einer kleinen Organisation angeboten worden, wo sie ihre Stärken gut einbringen könne und die auch eine überschaubare Größe habe. Sie hätte sich entschieden, dieses Stellenangebot anzunehmen.

Wie wir sehen, können auch schwere und chronifizierte Konflikte noch unerwartet überraschende Wendungen nehmen. Wobei sich die Frage stellt, inwieweit das jahrelange Chronifizieren der Gesundheit aller Beteiligten zuträglich ist.

Wie wir gesehen haben, können Konflikte (nicht nur) aus systemischer Sicht quasi ein negatives »Eigenleben« entwickeln, indem sie die Konfliktbeteiligten – wie ein Parasit seinen Wirt – energetisch »aussaugen« und schädigen (Luhmann 1984). Damit übernehmen sie andererseits aber auch eine ganz wichtige »Störungsfunktion«, die einem System anzeigen kann, wenn es an seine Grenzen kommt, wo sein Überleben gefährdet ist oder seine Freiheit endet. Diese nützliche, wenn auch häufig schmerzvolle Störungsfunktion teilen Konflikte mit Krisen:

> »Systemtheoretisch gesehen haben Störungen [...] eine ambivalente Wirkung. Sie beeinträchtigen zwar die bis dahin funktionierenden Prozesse und Strukturen, aber sie initiieren gerade dadurch Veränderungen. Ohne solche Störungen kein Lernen, keine Entwicklung, keine Umstrukturierungen, keine Reformen, keine Revolution« (Simon 2018, S. 95).

Konflikte und Krisen haben daher immer auch eine Signal- oder Alarmierfunktion mit Aufforderungscharakter: So wie bisher kann es nicht weitergehen, es muss etwas geschehen! Dieser Appell richtet sich vor allem an Führungskräfte, denn sie sind die Entscheidungsträger:innen. Konflikte in Organisationen sind bis zu einem gewissen Grade normal, denn Organisationen sind im Unterschied etwa zu Familien komplex und undurchschaubar. Anders als Familien können Konflikte in Organisationen an verschiedene Abteilungen

»ausgelagert« oder delegiert werden: Während sich etwa die Vertriebsabteilung eines Unternehmens damit befasst, möglichst viele Produkte zu verkaufen und damit den Umsatz des Unternehmens maßgeblich zu generieren, sieht die interne Dienstleistungs- oder Personalabteilung in erster Linie, welche horrenden Ansprüche an Gehälter, Dienstwagen und Provisionen die Vertriebler:innen stellen. Der Vertrieb hingegen findet die interne Personalabteilung größtenteils überflüssig, weil sie zu viel Personal beschäftigt, nichts zu tun hat, nur Geld kostet und weil ihre besten Köpfe nur an einer schnellen Karriere interessiert sind – so lauten häufig die Zuschreibungen.

Solange Konfliktklassiker dieser Art sich auf einem niedrigen Eskalationsniveau bewegen, stellen sie für Organisationen eine Lösung dar – nämlich ein funktionales Nebeneinander der Organisationsparadoxie, einerseits über den Vertrieb ihre Produkte gut verkaufen zu müssen, um das Überleben zu sichern, und andererseits eine gewisse innere Struktur und begrenzende Ordnung durch eine interne Dienstleitungsabteilung zu etablieren, die eben ihren Preis kostet, um die Kosten im Griff zu halten. Wir sollten nicht vergessen, dass sich aus gruppendynamischer Perspektive eine Gruppe gerade durch die Differenz zu einer anderen Gruppe erst definiert, beispielsweise gerade durch eine anders gelagerte Zielsetzung, einen eigenen Jargon oder »Insider«-Storys. Eine gewisse Überhöhung der eigenen Gruppe oder Abteilung ist ebenfalls in vielen Organisationskontexten zu finden und alltäglich. In gewisser Weise ist dies ein Normalzustand und nötig, um unserem täglichen Arbeiten einen zusätzlichen, übergeordneten Sinn zu verleihen.

Damit haben Organisationen gegenüber Individuen den evolutionären Vorteil, dass sie ihre Konflikte quasi arbeitsteilig auf verschiedene Abteilungen auslagern und sich logisch widersprechende Aktionen ambivalenzfrei durchführen können (vgl. ebd., S. 22 ff.). Für Organisationen ist es daher nicht nur in Krisenzeiten, sondern ganz allgemein überlebensnotwendig, Konflikte auf einem nicht existenzbedrohlichen Niveau zu halten und möglichst auch nicht jahrelang chronifizieren zu lassen, um innere Widersprüche auszubalancieren, sie aber möglichst nicht eskalieren zu lassen, sondern sie qua Entscheidung (z. B. durch die Hierarchie) dann auch zu beenden.

Demgegenüber tun sich Individuen (nicht nur in Organisationen) als körperlich von ihrer Umwelt abgetrennte Einheiten viel schwerer, im Spannungsfeld zwischen ihren Bedürfnissen, Befindlichkeiten und Beziehungen und der Zweck-Mittel-Relationslogik von Organisationen zu navigieren. Da für Personen vor allem die Beziehungsdimension wichtig ist und für Organisationen die Sachdimension, ergibt sich ein fast unvermeidliches Spannungsfeld, was zum Konflikt zwischen den verschiedenen Interessen führen muss (vgl. ebd., S. 60 ff.). Dieses Spannungsfeld (s. Abb. 10) scheint insbesondere in Non-Profit-Organisationen auf.

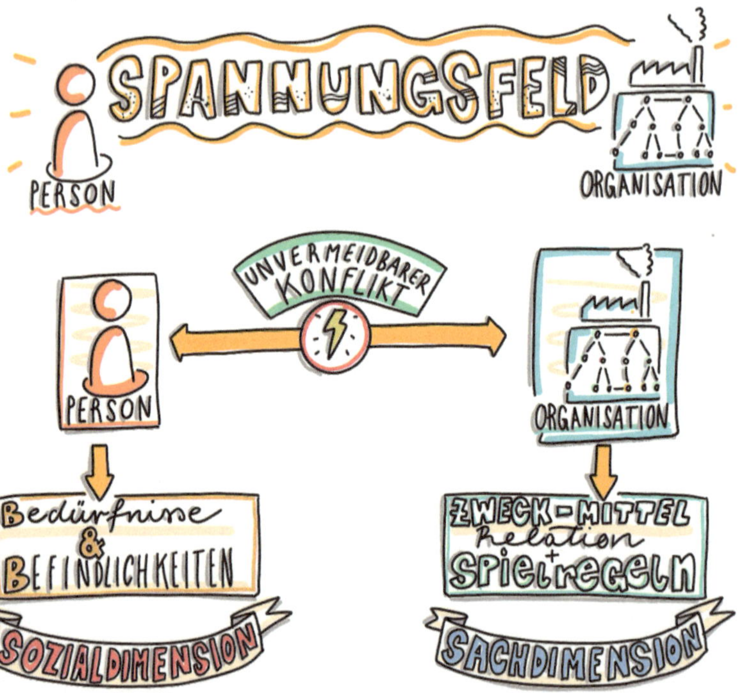

Abb. 10: Spannungsfeld Person – Organisation

Entscheidungsfindung als Überlebensstrategie in Krisen

> *Konfliktlösungen erfordern von den direkt Beteiligten manchmal antiintuitives Verhalten, d. h. ein bewusstes Entscheiden, das ihren spontanen, emotionalen Handlungsimpulsen zuwiderläuft.*
>
> (ebd., 2018, S. 8)

Das bewusste Entscheiden wird in manchen Organisationen unbewusst vermieden oder so lange hinausgezögert, bis die Organisation implodiert oder in die Insolvenz geht. Dies betrifft sowohl Unternehmen und Start-ups als auch Non-Profit-Organisationen (NPO). Letztere sind besonders gefährdet, Konflikte chronifizieren zu lassen, weil ihre Möglichkeiten, sie durch Entscheidungen zu beenden, strukturell eingeschränkt sind oder zumindest so erscheinen. Dies betrifft neben Behörden und NPOs insbesondere die Tendenzbetriebe (Gewerkschaften, Kirchen) und basisdemokratisch verfasste Organisationen wie freie Träger. Häufig fehlt hier ein Bewusstsein für die virulenten Aspekte von Konflikten, für ihre parasitäre Seite und für die fatalen Auswirkungen chronischer Konflikte und der Vermeidung von eindeutigen Entscheidungen in Organisationen.

So hat sich in der Corona-Pandemie an vielen Stellen gezeigt, dass die deutsche Verwaltung im internationalen Vergleich ein besonders schlechtes Krisenmanagement betrieben hat, weil sie viel zu langsam auf neue Entwicklungen reagiert und im Nachhinein betrachtet häufig falsch entschieden hat. Dies liegt an der gesetzlich vorgegebenen Tendenz von Verwaltungen, Gesetze und Vorschriften umzusetzen, die oft Probleme aus der Vergangenheit zu lösen versuchen:

> »Dass der Staat so flexibel ist wie der private Markt, hatte niemand erwartet. Besser vorbereitet hätte der Staat sein sollen. Doch zu Beginn der Pandemie waren auch die Maskenlager leer, um die Notfallpläne hat sich niemand gekümmert. [...] Tatsächlich erreicht der viel gelobte öffentliche Dienst in einem Vergleich der Universität Oxford nur einen Rang in der unteren Hälfte, vor Japan und Italien, aber hinter Spanien und Mexico« (Bernau 2021, S. 21).

Konfliktüberflutung

In einem schon lange bestehenden Fachdienst zur Versorgung Behinderter ist der Gründer und langjährige Geschäftsführer nach 30 Jahren in Rente gegangen. Er hatte den Fachdienst damals mit anderen zusammen aufgebaut und freundlich-patriarchal geführt, wobei die Mitarbeitenden schon immer im basisdemokratischen Sinne sehr viel Verantwortung (für alles und jedes) getragen hatten.

Die Stärke und der Erfolg des Fachdienstes lagen ganz klar auf der professionellen Betreuung der Klient:innen durch geschulte, hoch motivierte und (teilweise über-)engagierte Fachkräfte, die sich oft im Modus des Rollentauschs mit der Führung befanden. In Familien würde man diesen Rollentausch Parentifizierung nennen – Kinder übernehmen Anteile der Elternrolle, weil diese die Rolle nicht ausfüllen können. Es gab formal keine interne Hierarchie, sondern nur die beiden Ebenen Chef und Mitarbeitende sowie die daraus resultierenden Nebeneffekte der »heimlichen«, informellen Leitung. Der Fachdienst war als Verein organisiert, ein internes Controlling fand kaum statt, die Transparenz fehlte. Interne Entwicklungsprozesse waren nicht erwünscht oder wurden nicht angegangen, sodass der Fachdienst nach dem Weggang des Gründers und langjährigen Geschäftsführers strukturell nicht an die Erfordernisse der sich in dieser Branche u. a. durch neue Gesetze schnell wandelnden Umwelten angepasst war.

Versäumnisse verschiedenster Art brachen mit der Einstellung eines Nachfolgers für die Geschäftsleitung schnell auf. Seine Versuche, den Fachdienst strukturell an die neuen Umwelterfordernisse anzupassen, wurden nur ansatzweise und eher widerwillig von Personal und Vorstand aufgenommen, viel Virulentes ausgesessen, langjährige Probleme personalisiert (der frühere Geschäftsführer ist schuld oder der Neue ist schuld usw.). Gleichzeitig gründete sich parallel zu diesem zaghaft angestoßenen Veränderungsprozess erstmalig in der Geschichte der Organisation ein Betriebsrat, der zum einen sehr unsicher und gleichzeitig sehr fordernd auftrat und damit viele unbearbeitete Konfliktstoffe aus der langjährigen Organisationsgeschichte symptomatisch an die Oberfläche spülte.

Nach Abschluss der Einarbeitungszeit ließ sich der neue Geschäftsführer ganz unerwartet von einem ihm attraktiver erscheinenden Träger abwerben, und der Vorstand ließ ihn (für Außenstehende fast nicht nachvollziehbar) auch gehen, obwohl er mit seiner Leistung sehr zufrieden war. Diese Situation stürzte die Organisation in eine tiefe Krise, in der sie erstmals in der Unternehmensgeschichte offen wurde für externe Beratung. Im ersten Schritt wurde eine zweite Hierarchie-Ebene von Leitungskräften eingesetzt, die jedoch ohne entsprechende Fortbildung in der neuen Rolle entsprechend unsicher waren. Es zeigte sich eine Vielfalt von Anliegen für den Veränderungsprozess. Auffällig war das unerwartet hohe Ausmaß an Unklarheit bezüglich struktureller Themen. Das zentrale Anliegen für den (auch nicht explizit geäußerten Wunsch nach einem) Change-Prozess war die Entwicklung einer neuen internen »Struktur« sowie die eines zukünftigen Kommunikations-Kodexes, da der Umgang miteinander im Zuge der viel Stress generierenden kritischen internen Ereignisse unterdessen tendenziell unfreundlich und eher robust war: Die Organisation wurde durch den Weggang des neuen Geschäftsführers quasi von ihren jahrelang unbearbeiteten Konfliktstoffen regelrecht überflutet. Diese waberten irgendwo im Untergrund der Organisation herum und zeigten sich in widerkehrend aggressiver Stimmung und gegenseitiger Abwertung.

Hier zeigt sich: Für eher basisdemokratische, politisch oder religiös gesteuerte Organisationen ist das Credo häufig ein bewusstes oder unbewusstes Vermeiden von formalen Macht- und Entscheidungsträger:innen, wie im obigen Fallbeispiel. Dabei

> »sollen die offiziellen Kommunikationswege – besonders die hierarchischen – möglichst schwach ausgeprägt sein. Sicherlich – es wird nach formalen Alternativen zur klassischen Hierarchie gesucht, zum Beispiel in Form der Abstimmung in Vollversammlungen, der Einrichtung von auf das Konsensprinzip verpflichteten Gremien oder der Wahl von Vorgesetzten durch die Untergegebenen. Aber letztlich ist die Idealvorstellung die eines sogenannten All-Channel-Networks, in dem sich jeder mit jedem verständigen kann. Wir wissen durch Forschungen über Organisationen, die auf formale Hierarchien verzichten – politische Basisgruppen, selbstverwaltete Betriebe und anarchistische Terrororganisationen –, welche organisationskulturellen Reaktionsmuster sich bei dem weitgehenden Verzicht auf formale Hierarchien ausbilden [...]. Informale Rangordnungen in den Organisationen bilden sich dadurch aus, dass einzelne Personen in kritischen Situationen in ›Führung gehen‹. Statt ›von oben‹ eine für alle verbindliche formale Rangfolge vorzugeben, mendelt sich eine informale Rangordnung aus. Das kann gerade für Organisationen, die auf ein hohes Maß an Zweckidentifikation angewiesen sind, funktional sein, weil die Personen, die in ›Führung gehen‹, auf die Unterstützung oder mindestens Duldung aller anderen angewiesen sind und somit die Gefahr einer Entfremdung von der Organisation reduziert wird. Gleichzeitig haben solche Organisationen aufgrund ihrer Kultur auch mit Schwierigkeiten zu kämpfen. Beispielsweise können sie nur langsam auf unvorhergesehene Ereignisse [wie Krisen, Anm. d. A.] reagieren, weil aus internen Legitimitätsgründen alle einbezogen werden müssen, es existiert ein vergleichsweise hohes Beharrungsvermögen, weil immer erst ein breiter Konsens hergestellt werden muss, und es kommt zu Problemen, weil externe Kooperationspartner Schwierigkeiten haben, einen zuständigen Ansprechpartner zu finden, der Vereinbarungen auch in der Organisation durchsetzen kann« (Kühl 2018, S. 51–52).

Kurz – es kann wie im Fallbeispiel »Konfliktüberflutung« für Organisationen gute Gründe geben, weitgehend auf die Formalisierung von Erwartungen zu verzichten und die Selbstorganisation von Teams zu fördern. Die sich in Reaktion auf diesen Formalisierungsverzicht dann in der Informalität ausbildende Kultur hat aber gar nichts mit dem organisationalen »Ponyhof« zu tun, den die Verfechter:innen neuer Management-Moden in ihrer mit Schlagworten wie »Vertrauen«, »Wertschätzung« oder »Achtung« durchsetzten Prosa versprechen. »Keine Struktur«, so schon die Beobachtung des Organisationswissenschaftlers Henry Mintzberg (1979, S. 462)

> »ist darwinistischer, keine fördert mehr den Fitten – solange er fit bleibt –, und keine ist verheerender für den Schwachen als eine, die weitgehend auf Formalisierung verzichtet. Die Franzosen haben eine bildhafte Beschreibung für die durch Verzicht auf Formalisierung produzierte, häufig durch heftige Machtkämpfe gekennzeichnete Organisationskultur: un panier de crabes – ein Korb voller Krebse; alle kneifen sich, um höher oder gar herauszukommen« (Kühl 2018, S. 53).

Gleichzeitig ist es eine Leitungsaufgabe, das Funktionieren der Organisation sicherzustellen, indem chronifizierte und parasitär wirkende Konflikte möglichst bald beendet werden:

> »Die Verantwortung von Vorgesetzten in Organisationen ist (u. a.), dieselben vor der destruktiven Wirkung von Konflikten im Sinne des Parasitismus zu bewahren. Sie müssen Konflikten, deren Wirkung als destruktiv einzuschätzen ist, ein Ende setzen. Wer hier tatenlos zusieht und sich nicht einmischt, verfehlt seinen Job. Letzteres geschieht leider nur allzu häufig, da viele Chefs meinen, durch eine ›Teile-und-herrsche-Strategie‹ ihre persönliche Macht absichern zu können. Das mag zwar individuell erfolgreich sein, für die Organisation ist es aber lebensgefährlich« (Simon 2018, S. 111).

Grenzüberschreitung und Selbstschädigung in NPOs

Die Geschäftsführung eines Verbandes führt in der Geschäftsstelle fünf Mitarbeiter:innen. Mit einer davon gibt es bei genauer Betrachtung von Anfang an Probleme: Die Mitarbeiterin arbeitet autonom und ohne Rückkopplung an ihr Team, inszeniert Konflikte und beschimpft die Geschäftsführung bei Bedarf als diskriminierend. Drei Mediationstermine zur Klärung wurden von ihr bereits abgesagt bzw. nicht wahrgenommen.

Die Geschäftsleitung reflektiert im Coaching, was hier schiefgelaufen ist. Dabei zeigen sich folgende Befunde: Organisationskulturell handelt es sich um einen Verband, der an der Basis sehr partizipativ arbeitet. Dieses Partizipationsprinzip zeigt sich auch in der Geschäftsstelle: Probleme jeder Art werden von der Geschäftsführung erst einmal mit allen aus dem Team ausführlich besprochen. Dies funktioniert so lange, wie alle kooperieren, kollabiert jedoch, sobald eine Person nicht kooperieren kann oder will, wie besagte Mitarbeiterin.

Führungsbiografisch zeigt sich, dass die Geschäftsleitung selbst mit anderskulturellem Hintergrund quasi »auf Zuruf« zur Geschäftsleitung berufen wurde, ohne zu wissen, was genau da auf sie zukommen würde. Eine nachträgliche Qualifizierung als Führungskraft hat nicht stattgefunden. Daher wusste sie auch viele Führungsinstrumente gar nicht anzuwenden. So hat sie etwa bisher die Übersicht über die geleistete Arbeitszeit jeder Mitarbeiter:in nur einmal im Jahr überprüft. Dabei trat auch bei der »schwierigen« Mitarbeiterin eine eklatante Anhäufung von nicht nachvollziehbaren Überstunden ans Licht.

Es zeigt sich, dass die Geschäftsleitung durch Unkenntnis und Unterlassen bestimmter (auch arbeitsrechtlich relevanter) Interventionen selbst ungewollt dazu beigetragen hat, dass die Mitarbeiterin über längere Zeit ein grenzüberschreitendes Verhalten praktizieren konnte. Außerdem hat sie sich in ihrer Rolle geschwächt und selbstschädigendes Verhalten und Gesichtsverlust als Leitung zugelassen.

Als das im Laufe des Coachingprozesses klar wird, wird der Leitung deutlich, dass eine Trennung der beste Weg sein dürfte.

Diese Erkenntnis teilt auch die beteiligte Mitarbeiterin, als es zur vierten Mediationssitzung kommt, an der sie teilnimmt – nicht, ohne viel Zeit dafür zu nutzen, verschiedene »Konfliktraketen« zu zünden (indem sie etwa das lange »Sündenregister« ihrer Leitung vorliest) und auch die Mediatorin hinein zu verstricken. Auf die Frage ihrer Vorgesetzten, ob sie weiter dominieren oder doch lieber kooperieren wolle, erkennt sie, dass eine Trennung der erfolgswahrscheinlichste Weg sein dürfte, weil klar wird, dass sich hier – systemisch betrachtet – auch eine massive Kontextverschiebung eingenistet hat. Das bedeutet, dass alle Beteiligten offenbar den Kontext, in dem sie in der Geschäftsstelle unterwegs waren, mit etwas anderem (wahrscheinlich Biografischem) verwechselt haben und sich entsprechend verhalten haben.

Charakteristika von Non-Profit-Organisationen und klassische Konfliktstoffe[4]

Zum tieferen Verständnis der von außen betrachtet häufig schwer verständlichen Dynamiken in NPOs wollen wir hier einige charakteristische Strukturmerkmale analysieren:

Nach Zauner (1997, S. 109 ff.) zeigen sich vier kulturspezifische Tendenzen für Non-Profit-Organisationen, die für die Entstehung und Aufrechterhaltung von Konflikten relevant sind:

1. Differenzierungsschwäche
2. Konstruktion von Sündenböcken
3. Konfliktvermeidung und Pseudoharmonie
4. Idealismus und Verzicht auf Hierarchie

Aufgrund einer *Differenzierungsschwäche* von System und Umwelt kommt es in diesem Organisationstypus Institutionen auch zu einer schwachen Binnendifferenzierung zwischen Person und Funktion. Differenzierungsschwäche bedeutet, dass die Grenzen zwischen Zugehörigkeit und Nichtzugehörigkeit in Non-Profit-Organisationen z. B. durch die Mitarbeit von Ehrenamtlichen oder Ehemaligen nicht immer trennscharf sind. Das bedeutet, dass es Non-Profit-Organisationen schwerfällt, an der Innenseite der Organisation zu unterscheiden zwischen *persönlich zu verantwortenden Problemen* von Personen (etwa Führungskräften oder Mitarbeitenden) und den *strukturellen* oder *organisationalen* Hintergründen. Häufig zeigen sich auch Mischformen wie im Fallbeispiel »Grenzüberschreitung und Selbstschädigung«. Speziell in NPOs aus dem psychosozialen Bereich tritt neben dieses Spannungsfeld ein weiteres Dilemma:

> »Aufgrund der Natur der Arbeit helfender Berufe, die als ›Stabilisierung von destabilisierten Systemen‹ definiert werden kann, sowie der lebensgeschichtlichen und psycho-strukturellen Prägung vieler Helfer, finden wir in psychosozialen Teams häufig ein Übergewicht der Werte von Kontinuität, Stabilität und Binnenorientierung auf die eigene Organisation. Demgegenüber kommt es zu einer Unterbewertung der Ausrichtung an den Anforderungen der Umwelt, also der Kontext- und Veränderungsorientierung« (Lohmer u. Möller 2014, S. 102).

4 Dieser Abschnitt enthält eine überarbeitete Textversion aus: Bentner (2007, S. 19 ff.), mit freundlicher Genehmigung des Verlags Vandenhoeck & Ruprecht.

Diese zusätzliche Binnenorientierung kann – nicht nur in Krisenzeiten – ebenfalls zu schweren Konflikten zwischen psychosozial arbeitenden Teams und einem darüber liegenden Management führen, welches ihre Handlungen auch an ökonomischen Zielen oder Marktbedingungen ausrichtet und ausrichten muss, um ein Überleben der Organisation zu sichern. Dies führt im Ergebnis zu einer Personalisierungstendenz von strukturellen Problemen in Non-Profit-Organisationen, die dort beispielsweise als Konflikte zwischen Personen inszeniert und eskaliert werden, ohne dass das Augenmerk auf mögliche strukturelle Dysfunktionen in der Organisation fallen würde (vgl. unser Fallbeispiel »Überflutung«) Klassisch hierfür steht die Konstruktion von *Sündenböcken* in Einrichtungen, wo personenbezogene Dienstleistungen erbracht werden (Kitas, Krankenhäuser, Heimeinrichtungen usw.).

Weiterhin lässt sich in Non-Profit-Organisationen eine kulturelle Neigung zur *Konfliktvermeidung* und *Pseudoharmonie* beobachten, wo Auseinandersetzung, Wettbewerb und Leistungsprinzip womöglich manchmal angebrachter wären. Dies betrifft z. B. das gesamte Gebiet der Personalführung und Personalentwicklung, wo Mitarbeitende vielfach ohne Not über Jahre vor Erwartungen und Leistungsanforderungen durch Arbeitgeber und Führungskräfte verschont geblieben sind und eine für die Entstehung von Konflikten ja erforderliche Negation – oder einfach ein klares Nein – ausgeblieben ist. Diese Neigung finden wir insbesondere dort, wo die Beteiligten hauptsächlich Dienstleistungen erbringen, die sich unter dem Stichwort »Beziehungsarbeit« fassen lassen – wie etwa im Kindergarten, in der Jugendhilfe oder im Krankenhaus und/oder dort, wo ein partizipatives Miteinander an der Basis gepflegt wird. Entsprechend viel und virtuos agiert man dort auf der Beziehungsebene und blendet unerwünschte Sachverhalte aus. Kämpfe um Macht und Anerkennung eines (häufig ideologisch fokussierten) »One best way« (Stichwort »Schulenstreit«) für das Team finden im Hinter- oder Untergrund statt. Psychologisch entlastend wirkt der Mechanismus der Projektion von Bösartigkeiten auf einen Außenfeind, häufig der Träger oder Geldgeber. In schwierigen Veränderungsprozessen und oder Krisenzeiten wird diese Tendenz schnell virulent und kann die Organisation massiv schwächen (Stichwort Fehlzeiten, Personalmangel usw., welche oft ohne »schlimmere« Konsequenzen getragen werden).

Last but not least: Im Unterschied zu den meisten Wirtschaftsunternehmen neigen Non-Profit-Organisationen häufig dazu, »am Idealbild der Gleichheit aller Organisationsmitglieder festzuhalten« und Hierarchien eher wenig Bedeutung beizumessen (Zauner 1997, S. 110). Dafür gibt es verschiedene Gründe, die sowohl mit der Geschichte der karitativen Berufe aus christlicher Nächstenliebe und Hingabe ohne weltlichen Lohn als auch mit der Tarifstruktur des öffentlichen Dienstes etwas zu tun haben, der Leitungsverantwortung nur sehr bescheiden belohnt. Die Leugnung dieser internen Differenzierung der Ebenen geht einher mit einer häufig zu beobachtenden schwachen Führungsfunktion in diesen Einrichtungen sowie mit einem unangemessenen Umgang mit Macht im Binnenbereich der Organisation. Das kann bedeuten, dass – wie im Fallbeispiel »Grenzüberschreitung« oben beschrieben – Macht etwa völlig geleugnet wird, dass sie willkürlich oder heimlich ausgeübt wird (»autoritärer Führungsstil«, »heimliche Führung« oder partizipative Führung). Es kann auch sein, dass Führungsfunktionen (un)bewusst so schwach ausgestattet sind, dass sie gar nicht ernsthaft ausgeführt werden können. Dies ist klassischerweise der Fall bei den z. B. in der Jugendhilfe sogenannten »Koordinatorenfunktionen«. Häufig wird die Leitung auch aus dem Team heraus rekrutiert, sodass ihr der entsprechende interne Autoritätskredit fehlt. Damit ist von vornherein eine strukturelle Funktionsschwäche der Führungsfunktion in Form eines Anerkennungs- und Autoritätsproblems für den Ernstfall der Disharmonie und des Interessensgegensatzes impliziert, das dem Gleichheitsideal geschuldet ist und dazu führt, dass Konflikte im Untergrund schwelen und chronifizieren.

Aus eigener Beobachtung in vielen Beratungssituationen möchten wir ein letztes Merkmal hinzufügen, das wir eher in Non-Profit-Organisationen als in Unternehmen kennengelernt haben: So scheint uns auch und gerade in Krisenzeiten die *Fähigkeit zur Veränderung* als Anpassungsleistung an sich verändernde Umwelten bei diesem Organisationstypus tendenziell schwächer ausgeprägt zu sein als in Unternehmen, die sich ja marktgetrieben viel schneller anpassen müssen, um ihr Überleben zu sichern: Viele Non-Profit-Organisationen sind nur sehr lose an ihre relevanten Umwelten gekoppelt, nehmen diese nur ungern zur Kenntnis und können qua staatlicher Unterstützung auch weiter existieren, wenn sich (fast) nichts verändert (vgl. Bentner 2007, S. 19 ff.).

Aus Sicht der neueren soziologischen Systemtheorie scheint im Unterschied zur ökonomischen Sicht auf Non-Profit-Organisationen die Gewinn- oder eben Nicht-Gewinn-Orientierung einer solchen Organisation weniger bedeutsam zu sein als gedacht. Mit anderen Worten: Es scheint egal zu sein, auf welche Ziele im Einzelnen eine Organisation fokussiert – ob sie nun also Gewinne erwirtschaften mag oder nicht. Und ob sie die erwirtschafteten Gewinne nun in ihren eigenen Kreislauf einspeist oder ihre Mitarbeiter:innen damit besser entlohnt, scheint ebenfalls nicht besonders wichtig zu sein. Viel zentraler scheint das Vorhandensein und vor allem Funktionieren eines Managements zu sein, und zwar eines Managements, das auch Entscheidungen trifft. Die Management-Funktion ist in Unternehmen und Non-Profit-Organisationen gleichermaßen nötig, um beispielsweise sog. »Wertentscheidungen« (Baecker 1999, S. 240) zu treffen – also zu entscheiden, in welche Richtung es zukünftig gehen soll, was dabei bevorzugt zu tun oder zu unterlassen ist, welche Bereich aus-, um- oder abzubauen sind und so fort. Dies kann helfen, unnötige, chronifizierende und parasitär wirkende Konflikte präventiv zu vermeiden.

Ebenso wichtig und interessant erscheint es aus systemischer Sicht, zu beobachten und herauszufinden, wie Non-Profit-Organisationen ihren »Prozess des Organisierens« (Weick 1985) gestalten. Damit ist gemeint, nach welcher »Grammatik« genau in einer solchen Organisation Interaktionen, Kommunikation, Arbeits- und Prozessabläufe, Konventionen, Werte und Normen gestaltet werden, sodass sie den Beteiligten *sinnhaft und vor allem verständlich* erscheinen. Dazu bedarf es nach Weick eines sogenannten doppelten Interaktes: Mindestens zwei Beteiligte müssen sich nämlich darauf einstellen, ihre Handlungen und Ziele so aufeinander abzustimmen, um Missverständnisse und unnötige Konflikte zu vermeiden.

Dies geschieht ja in Non-Profit-Organisationen charakteristischerweise und im Unterschied zu Wirtschaftsunternehmen eben nicht primär auf der Ebene von Zielen, sondern vielfach auf der Ebene von Zweck(-bündnissen), Loyalitäten gegenüber den Mitgliedern oder der »Basis«, Absichten, Befindlichkeiten und auch durchaus persönlichen Interessen. Nach Weick findet man sich in Organisationen zusammen, um dort in erster Linie einen Gegenwert für seine Arbeitskraft in Form von Geld, Karriereerwartungen, Sinnstiftung, Spaß an der Arbeit, den Produkten oder Dienstleistungen zu erhalten. Erst danach hält man danach Ausschau,

> »mit welchen Tricks der Koordination man einen gewissen Erfolg sicherstellen [...] kann« (Baecker 2006, S. 3).

»Erfolg« in Non-Profit-Organisationen kann alles Mögliche bedeuten: Beibehaltung des Status quo ebenso wie etwa das Sichern einmal erarbeiteter Privilegien gegenüber Geldgeber:innen. Wie unsere Fallbeispiele zeigen, lassen sich gerade in diesen Organisationen häufig unübersichtliche Wege und verschlungene Pfade beobachten, die die Beteiligten miteinander oder manchmal auch umeinander herumgehen und die mit der Generierung von mehr oder weniger Konfliktpotenzial einhergehen.

Systemische Konfliktinterventionen: Konstruktiv Konfliktlösungen (er)finden

Egal, mit welcher Methode extern Beratende oder Führungskräfte es auch versuchen – ein grundlegendes Problem jeder Konfliktbewältigung mit oder ohne Krise(n) ist der Sachverhalt, dass sie meist ein negatives Ziel hat: Die Konfliktparteien sollen im Prinzip alles unterlassen, was den Konflikt bisher angeheizt und am Leben gehalten hat – so die systemische Sichtweise (vgl. Simon 2018, S. 117). Da das auf der Ebene der Beziehungsgestaltung oder systemisch gesprochen der Sozialdimension des Miteinanders sehr viel Souveränität und eine wahrscheinlich unrealistische Selbstreflexion und persönliche Reife von den Konfliktbeteiligten verlangt, sind solche ausschließlich negativen Ziele in der Praxis der Konfliktbewältigung meist untauglich. Deshalb müssen Konflikte in Organisationen oft von außen (von neutralen Dritten) oder durch machtvolles Intervenieren etwa von Vorgesetzten entschieden werden.

Wenn das wichtigste Ziel im Umgang mit Krisen im *Herstellen von Stabilität* besteht, liegt es auf der Hand, dass das Händeln von (unnötigen) Konflikten dazugehört. Im Folgenden stellen wir einige Methoden vor, mit denen man ein systemisches Konfliktmanagement anstreben kann. Sie wenden sich sowohl an Konfliktparteien als auch an neutrale Dritte (Konfliktbegleitende wie Mediator:innen oder Klärungshelfer:innen u. a. m.). Bei chronifizierten Konflikten empfiehlt sich das Engagement einer neutralen dritten Person, einer Mediator:in oder einer Klärungshelfer:in, um die Neutralität sicherzustellen, die angesichts des o. g. Wahrnehmungs- und Erzählungscocktails aller Beteiligten im System selbst gar nicht mehr vorhanden sein kann. Wir zeigen hier zwei ganz unterschiedliche Methoden, mit denen sich Konflikte in Organisationen mit oder ohne externe Unterstützung bearbeiten und evtl. auch lösen lassen. Ein Klassiker ist die o. g. Konfliktmatrix, mit der zumindest eine Vorstrukturierung von Konfliktstoffen möglich ist.

Ausgangspunkt für die Arbeit mit dem Tetralemma (s. Abb. 11) ist in der Praxis häufig das Auftauchen eines Dilemmas, also die Fragestellung: Sollen wir das Eine tun oder das Andere? Das Tetralemma beschreibt eine logische Denkfigur aus dem altindischen Kulturkreis. *Tetra* leitet sich vom griechischen Wort für die Zahl »vier« ab und dient in Abgrenzung zu dem bekannten Dilemma (*di* von griech. »zweimal«) als Metapher, um aufzuzeigen, dass eine gerechte Lösung oft jenseits zweier diametral gegenüberliegender Standpunkte zu finden ist. In der traditionellen indischen Logik diente das Tetralemma als Methode zur Kategorisierung von Haltungen und Standpunkten besonders im Rechtswesen. Wenn beispielsweise eine Richterin in

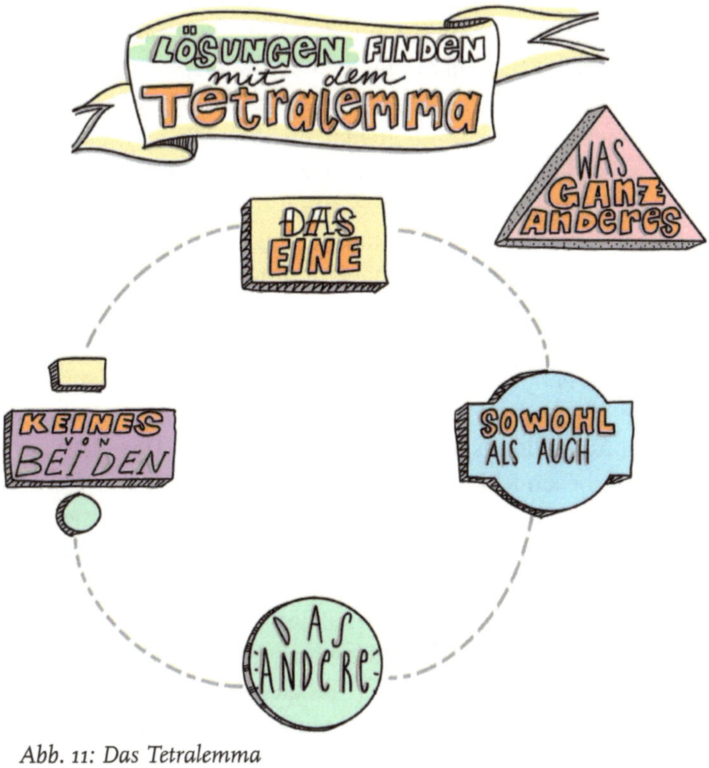

Abb. 11: Das Tetralemma

einem Streitfall zwischen zwei Parteien zu entscheiden hatte, konnte er entweder der einen Partei recht geben oder der anderen. Er konnte aber auch beiden recht geben oder keiner. So entstanden diese vier Positionen als mögliche Haltungen einer Richterin, sie wurden im Madhyamika-Buddhismus noch um eine fünfte Position erweitert, sie lautet »etwas ganz anderes«.

Übertragen auf das Konfliktmanagement könnte das logisch bedeuten, dass eine Sichtweise nur wahr/richtig (das Eine) sein kann, falsch sein kann (das Andere), sowohl richtig als auch falsch sein kann (Sowohl-als-auch) oder weder richtig noch falsch (keines von beiden). Gleichzeitig ist es aber auch denkbar, dass keine der vier Möglichkeiten dieser altindischen Logik zutrifft, daher wurde eine fünfte, jenseits der Fragestellung liegende Option hinzugefügt: etwas ganz anderes/die Vision/das Wunder/womit es noch zu tun hat. Diese fünfte Position steht in der Konfliktarbeit oder Entscheidungsfindung für eine Musterunterbrechung (vgl. Mumm 2019, S. 245 f.). Im Konfliktfall mit zwei Konfliktparteien könnte z. B. »das Eine« stehen für die Position der einen Partei, »das Andere« für die Position der anderen Partei, »Sowohl-als-auch« oder »beides« könnte stehen für die Frage, wie sich beide Positionen evtl. verbinden ließen, und »keines von beiden« könnte stehen für: Worum geht es wirklich/warum kann keine Entscheidung getroffen werden/warum keine Lösung gefunden werden? Die Position »was anderes« steht dann für jenseits des Konflikts, der Entscheidung.

Das Tetralemma dient der Überwindung von einfachen Schwarz-Weiß-Polarisierungen, wie sie in unserer Kultur üblich sind und insbesondere in Krisen und Konflikten aufscheinen. Das Tetralemma erweitert den Denkraum auf fünf Positionen. Es ist außerordentlich kraft- und manchmal unglaublich wirkungsvoll und kann auch zur Aufstellungsarbeit eingesetzt werden. Das Tetralemma eignet sich besonders gut bei Change-Anliegen, die krisen- und konflikthaft erlebt werden und wo es um Werte, Haltungen oder Einstellungen geht. Insbesondere auch beim Thema Entscheidungsfindung kann das Tetralemma sehr hilfreich sein, weil man jede Position durchspielen und auch auf ihre Auswirkungen hin überprüfen kann, z. B. mit einer Strukturaufstellung (vgl. Sparrer u. Varga von Kibed 2000, S. 77 ff.). Möglicherweise kann das Tetralemma auch zur Bearbeitung von Anliegen im Coaching dienen, die mit Perfektionismusansprüchen und Burn-out zu tun haben. Das

Tetralemma zwingt zur Reduktion in einer Welt voller Möglichkeiten.

Leos Dilemma

Leo ist Student und er hatte sich schon vor der Pandemie mit der Frage auseinandergesetzt, ob er vor Abschluss seines Studiums noch einmal den Studienort wechseln sollte. Das hatte er für sich damals bejaht und auch schon einen Studienplatz an einer anderen Uni bekommen, als der erste Corona-Lockdown diese Pläne zunichtemachte: Leo konnte sich nicht vorstellen, in einer anderen Stadt den Lockdown zu verbringen, zumal seine Heimat-Hochschule ja auch alle Veranstaltungen nur noch digital anbot und er hier seine Freunde und Familie vor Ort hatte. Außerdem war ihm unterdessen von der anderen Hochschule abgeraten worden.

Nun schien sich auch der zweite Lockdown seinem Ende zu nähern, und erneut stellte sich Leo die Frage: Soll ich noch mal in einer anderen Stadt studieren? Die Beraterin bot ihm zur Bearbeitung dieses Dilemmas das Tetralemma an. Wichtig ist dabei, dass alle Positionen außer »dem Einen« und» dem Anderen« jeweils mehrere Optionen beinhalten können. »Das Eine/Entweder« beinhaltete die Option, in seiner Heimatstadt zu bleiben und hier weiterzustudieren. »Das Andere/Oder« bedeutete logischerweise, in einer anderen Stadt zu studieren. »Beides/Sowohl-als-auch« könnte für Leo bedeuten, beispielsweise ein Auslandssemester zu machen oder ausgewählte Kurse an anderen Unis zu belegen bzw. ein Fernstudium zu machen. »Keines von beidem« hingegen wäre für Leo z. B.: Das Studium abbrechen, arbeiten gehen, sich arbeitslos melden, eine Weltreise machen, eine Ausbildung machen, Hausmann werden, …

Es gab also eine große Palette an Optionen. »Was ganz anderes/ein Wunder« wäre für Leo, wenn er im Lotto gewinnen würde. Nachdem wir seine Ideen so gesammelt und visualisiert hatten, fragte die Beraterin Leo, welche inhaltlichen Optionen ihn am meisten ansprechen. Dabei zeigten sich in jedem Feld attraktive Optionen. Dies kann ein Hinweis darauf sein, dass die Lösung differenziert ausfallen wird. Leo hatte keinen klaren Favoriten am Ende, aber viele interessant erscheinende Möglichkeiten. Die Beraterin bat ihn, diese Möglichkeiten noch etwas nachwirken zu lassen und dann gerne noch einmal zur Beratung zurückzukehren, wenn er Bedarf haben sollte.

Es kann auch nützlich sein, die Beteiligten mit einer klassischen Skalierungsfrage, um ihre Einschätzung der wahrgenommenen Konfliktstärke zu bitten. Dabei kommen erfahrungsgemäß spannende Informationen zutage. Generell gilt: Je gravierender der Konfliktstoff eingeschätzt wird und je weiter die Beteiligten von ihren Positionen her auseinander liegen, desto schwieriger wird die Lösung und umgekehrt.

Das zirkuläre Konfliktinterview

Hilfreich ist auch ein weiterer systemischer Interventionsklassiker, das Interview mit zirkulären Fragen rund um das Konfliktgeschehen. Es kann eine Reflexion anregen und die Konfliktbeteiligten darin stärken, sich ernst genommen zu fühlen und an Lösungen zu arbeiten (vgl. Simon 2018, S. 102 ff.). Dieses Instrument setzt allerdings voraus, dass bei den Konfliktbeteiligten schon eine tatsächliche Bereitschaft zur Konfliktlösung vorhanden ist, sonst funktioniert es nicht. Folgende Fragen können wir stellen:

Angenommen, das Ziel wäre schon erreicht und der Konflikt zwischen Ihnen schon so gelöst oder entschieden, dass wir über etwas anderes sprechen könnten:

- Was wird dann anders sein als jetzt?
- Welche anderen, neuen Herausforderungen tauchen dann womöglich auf?
- Welche Tatsachen lassen sich dann beobachten oder messen, die zuvor nicht beobachtbar waren?
- Was wird unverändert erhalten bleiben?
- Was wird sich bei Ihnen auf der Verhaltensebene verändern? Wer tut was, was er/sie jetzt noch nicht macht?
- Wer macht dann etwas nicht mehr, was er/sie jetzt noch macht?
- Wie schnell/langsam soll der Konflikt hier bearbeitet/gelöst werden?
- Bis wann sollten wir spätestens damit fertig sein?
- Angenommen, unsere Arbeit hier läuft so schlecht wie möglich: Was bedeutet das für Sie/Ihren Konflikt?
- Und umgekehrt: Angenommen, es läuft hier so gut wie nur möglich: Was bedeutet das für Sie/Ihren Konflikt?
- Grundsätzlich ist bei der Konfliktarbeit die Zukunftsorientierung das A und O, da die Vergangenheit ja nicht mehr verändert werden

kann. Es wäre wichtig, die jeweiligen konfliktauslösenden »Trigger« kennenzulernen und zu reflektieren, damit alle am Konflikt Beteiligten Verantwortung für die jeweilige Konfliktinszenierung übernehmen und aus der Täter-Opfer-Zuschreibung herausfinden können.

Folgendes Fallbeispiel zeigt einen einfachen Methodenmix aus psychoedukativem Aufklärungs-Input zum Thema systemische Sicht auf Konflikte, Skalierungsarbeit und einer zirkulären Frage aus dem o. g. Interviewleitfaden sowie einer Hausaufgabe als Interventionsexperiment.

Problem oder Konflikt?

Frau N., Leiterin einer Beratungsstelle, bittet um ein Konflikt-Coaching für sich und ihre Mitarbeiterin, Frau R., mit der sie nicht zurechtkomme und sich seit Jahren im Kreis drehe. Frau R. und sie rutschten regelmäßig in eine »ungute« Zusammenarbeit, Frau R. sei überlastet und sie als ihre Vorgesetzte sehe bestimmte Defizite bei der Mitarbeiterin, die im Übrigen seit über 20 Jahren in der Beratungsstelle tätig sei.

Die Chefin selbst ist erst seit fünf Jahren an Bord. Frau R. habe sich auch auf die Leitungsstelle beworben gehabt, war aber nicht genommen worden. Es besteht der dringende Wunsch nach einer guten Lösung, zumal die Überforderung der Mitarbeiterin durch die Corona-Pandemie und die Notwendigkeit, virtuell arbeiten zu müssen, noch deutlicher geworden sei.

Zum ersten (von drei geplanten) Coaching-Terminen kommen zwei sehr kooperativ wirkende Frauen, die einander freundlich-wertschätzend verbunden zu sein scheinen und die Beraterin durch diese nicht gerade konflikttypische Grundhaltung erst einmal irritieren. Auf die Frage, was die beiden sich hier in/von der Beratung wünschen, äußern beide, sie hätten gerne Hilfe bei der Ursachenforschung zu den zwischen ihnen erlebten »Störungen« in der Zusammenarbeit sowie eine Art gegenseitiger »Übersetzungshilfe« durch die Beraterin, um die Motive der jeweils anderen besser zu verstehen. Ziel sei auf jeden Fall eine konstruktive Zusammenarbeit.

Es zeigt sich, dass der Träger dieser Beratungsstelle sich seit Jahren in einem Umstrukturierungsprozess befindet: Während viele Jahre lang hier gar nicht geleitet wurde und das Team sehr selbstorganisiert arbeiten konnte und auch musste, hat der Träger vor fünf

Jahren ganz bewusst die Leitungsstelle mit einer dafür entsprechend qualifizierten Person, nämlich Frau M., besetzt. Dies hatte anfangs zu erheblichen Störungen im Miteinander geführt, wobei einige Mitarbeitende das Team auch verlassen hatten. Nur mit Frau R. hakt es nach wie vor, so die Chefin.

Von einer Einschätzung ihres Themas auf der angebotenen Konfliktskala wollen beide zunächst nichts wissen, da sie angeblich keinen wechselseitigen Groll verspürten, sondern bestenfalls eine gewisse Unzufriedenheit.

Wir halten hier kurz inne, und die Beraterin erlaubt sich eine Information zur Unterschiedsbildung aus dem klassischen Konfliktmanagement: Sie fragt die beiden Klientinnen, ob sie daran interessiert seien herauszufinden, ob es sich hier tatsächlich um einen Konflikt (mit negativen Gefühlen verbunden) handle oder nicht vielmehr um ein Problem (Parteien bleiben emotional neutral).

Die beiden kommen ins Grübeln und lassen sich zunächst auch auf diese Unterscheidung nicht ein, sodass wir uns auf eine »Unzufriedenheits-Skala« einigen. Es zeigt sich, dass die Vorgesetzte aktuell sehr unzufrieden ist und sich bei erfolgreicher Beratung mehr Verständnis für ihre Anliegen von Frau R. erhofft. Die Mitarbeiterin Frau R. ist weder zufrieden noch unzufrieden (fünf auf der Zehner-Skala) und erhofft sich ebenfalls bei erfolgreicher Beratung mehr Verständnis. Negative Gefühle, wie sie i. d. R. mit Konflikten einhergehen, möchten die Frauen hier nicht erleben.

Im nächsten Schritt bietet die Beraterin eine kurze systemische Konfliktinformation an, wonach Konflikte im o. g. Tetralemma-Sinne beschreibbar sind als zwei (auf der Sachebene) logisch gegensätzliche Positionen/Sichtweisen/Standpunkte: A versus B. Es wird auch thematisiert, dass das Verhandeln von Konfliktstoffen umso schwieriger wird, je weiter diese Positionen A vs. B inhaltlich auseinander liegen. Die Klientinnen kennen zahlreiche Beispiele dafür aus ihrer Beratungspraxis, gerade bei Trennung und Scheidung. Gemeinsam mit der Beraterin formulieren sie mehrere Praxisbeispiele dazu.

Außerdem würdigt die Beraterin die strukturellen Veränderungen, die sich beim Träger der Beratungsstelle in den letzten Jahren abspielen und die massive Auswirkungen auf die Art und Weise der Arbeit hatten und haben. Für das Beratungsteam ging mit der Umstrukturierung ganz klar ein Verlust an Autonomie und Selbstorganisation einher, den Frau R. ganz besonders betrauert.

Um dem (legitimen) Wunsch der Klientinnen nach besserem gegenseitigen Verständnis für die jeweiligen Handlungsmotive zu entsprechen, thematisiert die Beraterin die strukturelle Ebene von Konflikten im Kontext von Organisationen – im Unterschied zu Familien. Es wird deutlich, dass Mitarbeitende legitime Bedürfnisse haben (z. B. nach Autonomie und Gestaltung der Arbeit), während Führungspersonal eher die Sachlogik der Organisation im Blick behalten muss. Es wird klar, dass dies ein fast unlösbares (strukturelles) Spannungsfeld voller Paradoxien für die Beteiligten ergibt. Damit ist auch der Begriff Konflikt anschlussfähig geworden, und die Klientinnen fühlen sich entlastet, weil sie der Gefahr der Personalisierung ihrer erlebten »Störungen« entgehen konnten.

Im nächsten Schritt kommen wir in die Lösungsrichtung. Die Beraterin stellt eine (an die Wunderfrage angelehnte) Frage aus dem o. g. zirkulären Interview-Leitfaden:

Beraterin: Was wäre anders, angenommen der Konflikt/die Unzufriedenheit könne hier erfolgreich bearbeitet werden?

Frau R.: Ruhe würde einkehren bei klaren Vereinbarungen.

Frau M.: Ich könnte meiner Mitarbeiterin mehr vertrauen (in fachlichem Arbeiten und Auftragserfüllung) sowie gegenseitige Akzeptanz in den Rollen aufbringen.

Beraterin: Was würde dabei helfen?

Frau M.: Wir kämen mehr in einen konstruktiven Austausch. Ich würde mehr Stimmigkeit erleben in meiner Rolle als Leitung im Spagat zwischen den Anforderungen der Organisation und den Bedürfnissen der Mitarbeitenden.

Frau R.: Wenn ich mehr Entlastung erfahren könnte bei hohen Fallzahlen und meine Vorgesetzte mir mehr helfen würde, gerade in Corona-Zeiten, andere Prioritäten zu setzen. Also: Was darf ich auch mal weglassen?

Es zeigt sich im weiteren Verlauf, dass ein Grund für ihre Unzufriedenheit darin liegt, die Chefin sich bisher (zu) häufig von ihrer Mitarbeiterin Frau R. mit Ausreden (»Das geht jetzt nicht, weil ...«) hat »abspeisen« lassen und damit zu stark in Richtung Person/Sozialdimension tendiert hat und dabei die Anforderungen, die der Träger (oder wie im NPO-Bereich üblich – der Gesetzgeber) an sie gerichtet hat, zu wenig fokussiert hat. Dies ging auf ihre Kosten, und sie war zu Recht verärgert über die Widerständigkeit ihrer Mitarbeiterin. Auch hat sie bisher noch keine Kultur von verbindlichen Absprachen und

Vereinbarungen im Team etabliert, sodass Frau R. durch ihre diesbezügliche Unverbindlichkeit symbolisch das letzte »Bollwerk« der früheren fast basisdemokratischen Autonomie und Selbstorganisation im Team dargestellt hat.

Daraus resultieren für beide Frauen verschiedene Hausaufgaben: Beide sollen mit neuen Mustern experimentieren und ihre Beobachtungen dabei auch dokumentieren, damit wir sie beim nächsten Termin auswerten können. Die Mitarbeiterin Frau R. soll zukünftig mit ihrer Vorgesetzten rückkoppeln, wenn sie merkt, dass sie einen Auftrag nicht fristgerecht erledigen kann. (Bisher hat sie das auch aus Gründen der Selbstorganisation unterlassen, was zu Störungen geführt hat.)

Die Leiterin soll erproben, was passiert, wenn sie in ihrer Rolle als Chefin eine bessere Balance zwischen den Bedürfnissen ihrer Mitarbeitenden und den Anforderungen der Organisation bzw. des Trägers sucht. Sie soll diesen Prozess auch ihrem Team transparent kommunizieren.

In der letzten Sitzung wird deutlich, dass Frau R. im Grunde nur Symptomträgerin in dieser Abteilung ist. Zwar sind die anderen Mitarbeiter:innen bisher nicht negativ aufgefallen, aber es kristallisiert sich heraus, dass es in diesem Team bisher keine geklärten Ablaufprozesse für bestimmte Aufgaben gab und jede:r macht, wie er oder sie denkt. Ein unterdessen in Auftrag gegebener Team-Entwicklungsprozess soll helfen, hier für mehr Klarheit zu sorgen und Standards zu entwickeln, um unnötige Konflikte in Zukunft zu vermeiden. Mit dieser Lösung sind beide Beteiligten zufrieden, und können wir die Konfliktberatung abschließen.

Eine lösungsorientierte Methode zur Ergänzung: »Remember the future«

Eine gute Ergänzung zum zirkulären Konfliktinterview bietet die Methode *Remember the future* (s. Abb. 12). Diese Methode ist eigentlich aus einem anderen Kontext entlehnt: Sie wurde im Bereich der Produktentwicklung bzw. -erweiterung für Software entwickelt (vgl. Hohmann 2007).[5] Diese Spiele dienen im Bereich der Inno-

5 Die Methode »Remember the future« ist aus Luke Hohmanns Buch *Innovation Games* (2007) übernommen. Hier finden sich eine Vielzahl von Tools und Verfahren, gemeinsam interaktiv und spielerisch auf Lösungen und (Produkt-)Ideen zu kommen.

vationsentwicklung dazu, neue disruptive Ideen zu kreieren und dabei den Nutzen der Personen, die das Produkt später verwenden, in den Fokus zu legen. Dabei geht es um das gemeinsame Erarbeiten von Ideen mit vielen Personen in einem spielerischen Setting. Hier zeigt sich sehr kreativ, wie die systemisch-lösungsorientierte Arbeit bereits Eingang in ganz andere Branchen gefunden hat.

Mit dem Gedankenspiel, sich einmal vorzustellen, was denn wäre, wenn das eigentliche Ziel schon erreicht wäre, wird notwendigerweise ein lösungsorientierter Fokus auf die gemeinsame (hoffentlich) konfliktärmere Zukunft gesetzt. Aus der lösungsorientierten Arbeit wissen wir, dass es hilfreich ist, sich primär auf die eigenen Stärken und Ressourcen und auf eine bessere Zukunft anstatt auf die problembehaftete Vergangenheit zu konzentrieren (vgl. Berg u. Scott 1997, S. 38 f.).

Folgende Fragen können wir stellen:

- Wenn Sie an diesem zukünftigen Zeitpunkt angekommen sein werden und ihn beschrieben haben, gehen Sie noch mal weiter in die Zukunft. Was wird sich noch verbessern, verändern, mich glücklicher machen in … einem Tag, drei Wochen, X Monaten? (Vgl. Hohmann 2007, S. 56 f.)

Hier können Sie passende Zeitspannen einsetzen und die Zielsetzung der Frage auf den Lösungskontext anpassen. Die Ergebnisse lassen sich zusammen an einem Zeitstrahl wunderbar visualisieren, sodass im Anschluss an die Methode gemeinsam an Lösungsideen gearbeitet werden kann. Hier liegt der Fokus auf der Teilung in kurze Ad-hoc-Ziele, mittelfristige und zukünftige Ziele. Das Ziel könnte darin bestehen, erste sinnvolle Schritte in eine konfliktärmere Zukunft zu generieren.

Die Methode lässt sich auch umgekehrt durchführen:

- Stellen Sie sich vor, Sie reisen in die Zukunft an einen Zeitpunkt, an dem das Problem, der Konflikt etc. bereits gelöst ist. Beschreiben Sie möglichst detailliert diesen Zustand. Was ist genau anders, was spüren Sie, wie verhalten sich die Kolleg:innen? Was haben Sie anders gemacht, um an diesen Punkt zu gelangen nach … einem Tag, zwei Wochen, X Jahren?

Abb. 12: Remember the future

> **Folgende Tipps** können bei der Arbeit mit Konflikten hilfreich sein (vgl. Simon 2018, S. 118):
>
> - Unterschätze nie die gesundheitsschädliche Wirkung ungelöster Konflikte! Besonders chronische Konflikte machen Stress, und lang anhaltender Stress macht (psychisch/physisch) krank.
> - Suche beim Gegenüber (und bei dir selbst) nach den guten Gründen, den Konflikt zu lösen. Dabei muss die Bilanz von Geben und Nehmen ausgeglichen sein. Zu glauben, die Gegenseite würde gerne (etwas) verlieren, ist eine Illusion und endet im Machtkampf.
> - Wenn der Konflikt schon eskaliert ist, prüfe, ob du diesen Konflikt überhaupt »gewinnen« kannst. Dies ist meist nicht der Fall, sondern ein Konflikt kann nur durch Verhandlung vernünftig gelöst werden. Wenn sich eine weitere Eskalation abzeichnet, steige rechtzeitig aus.

Unterlass alles, was dem Gegenüber schaden könnte, das trägt nur zur weiteren Konflikteskalation bei. Überschätze lieber die Stärke deines Gegenübers, als sie zu unterschätzen!

- Konfliktlösungen müssen nicht zwangsläufig optimal oder logisch sein. Es geht um praktikable Lösungen, die langfristig tragfähig sein sollten. Such auf keinen Fall eine perfekte Lösung! »Das Leben ist einfach nicht perfekt, ja, ganz im Gegenteil: Perfektion und Leben sind nicht miteinander vereinbar. Perfekt kann nur sein, was vorbei ist. Konflikte können es daher sein. Und was wäre besser als ein perfekter Konflikt?« (ebd., S. 122).

3 Resilienz als menschliche Kernkompetenz in Krisen[6]

Als resilient kann metaphorisch ein »Stehaufmännchen« gelten, welches über die Fähigkeit verfügt, aus allen Lagen heraus wieder eine aufrechte Haltung einzunehmen, anstatt entweder starr zu versuchen, dem Druck zu widerstehen und dann beim Umschubsen liegen zu bleiben, oder so weich zu werden, dass der Impuls ein ständiges Einknicken bewirkt.

(von Schlippe u. Grabbe 2007, S. 27)

Resilienz (aus dem Lateinischen: *resilire* = »widerstehen«) ist ein Begriff, der ursprünglich aus der Materialprüfung stammt und dort die Eigenschaften des Materials beschreibt, sich nach Druck oder Verformung weitgehend unbeschadet in den ursprünglichen Zustand zurückzubewegen.

In Bezug auf Menschen bedeutet Resilienz gleichermaßen Beweglichkeit und Widerstandskraft, die es ermöglichen, auf beeinträchtigende, schwierige oder sogar traumatische Situationen und Krisen so zu reagieren, dass die Betroffenen sie ohne nachhaltige Beschädigungen durchstehen und nach kurzer Zeit ohne fremde Hilfe zu ihrem gewohnten Leben zurückkehren können (vgl. Walsh 2006; Schäfer 2017; Amann 2015; Masten 2016). Resilienz als Alternative zum Entwickeln von Störungen wird erforderlich bei Menschen, die nicht nur in und von Krisen, sondern z. B. von Armut, chronischen Krankheiten, der Erfahrung katastrophaler Lebensereignisse, dem Erleben von Verlust, Trennung und/oder Trauma sowie familialer Desorganisation biografisch betroffen sind.

Conen (2008) hat durch ihre Arbeit mit dysfunktionalen sog. »Jugendhilfefamilien« darauf aufmerksam gemacht, dass wir unsere Vorstellungen davon, was Kinder nachhaltig schädigt, gründlich revidieren und die menschliche Fähigkeit zur Resilienz mehr fokussieren sollten.

Resilienz aus humanwissenschaftlicher Sicht bezeichnet also die psychische Widerstandsfähigkeit von Menschen gegenüber biologischen, psychologischen und psychosozialen Entwicklungsrisiken (vgl. Wustmann 2005, S. 192). Resilienz ist aber auch die Fähigkeit,

6 Dieses Kapitel enthält aktualisierte Abschnitte aus dem Buch *Lösungsfokussiert gut beraten* (Bentner u. Krenzin 2011, S. 31 ff.), mit freundlicher Genehmigung des Surface-Verlags.

Krisen unter Rückgriff auf persönlich und sozial vermittelte Ressourcen zu meistern und als Anlass für eine transformative Entwicklung zu nutzen (vgl. Welter-Enderlin 2006, S. 13). Leipold (2015) ergänzt die bestehenden Definitionen mit dem Vermerk, dass die Fähigkeit zur psychischen Widerstandskraft resilienter Personen nicht mit einer Art von genereller Unverwundbarkeit verwechselt werden sollte, sondern dass ein komplexes und modernes Verständnis von Resilienz ebenfalls beinhaltet, dass Krisen, gravierende Risikofaktoren, Verluste etc. vorliegen und Menschen aus dieser Situation heraus Widerstandskraft entwickeln mit dem Ziel, ihre seelische Gesundheit zu erhalten oder auszubauen (ebd., S. 18). Es geht demnach um ein gelingendes Coping, ein passendes Attributionsverhalten und die Regeneration nach erlebten Krisen.

> »Resilient ist ein System, das in Turbulenzen geraten ist, sich anpasst und überlebt. Mit Resilienz ist der Prozess gemeint, durch den das funktionelle Gleichgewicht wiederhergestellt wird und manchmal auch der erfolgreiche Transformationsprozess in einen stabilen neuen funktionellen Zustand« (Masten 2016, S. 26).

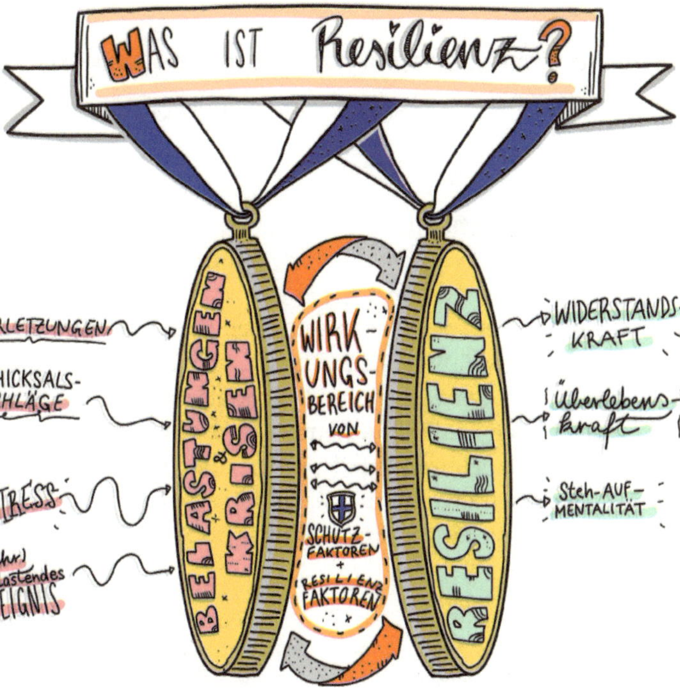

Abb. 13: Was ist Resilienz?

Zur Visualisierung: In unseren Resilienztrainings verwenden wir gerne das Modell einer zweiseitigen Medaille (s. Abb. 13). Zur linken Seite: Unser Leben ist geprägt durch Stress, multiple Belastungen und Krisen. Das gehört zur menschlichen Existenz dazu. Verluste, Trennungen, ungünstige Lebensumstände etc. wirken auf uns ein und beeinflussen unsere psychische Widerstandskraft. Die rechte Seite der Resilienzmedaille entsteht im Wesentlichen durch die Bewältigung altersangemessener Entwicklungsaufgaben und nicht im luftleeren Raum. Nur durch den Umgang mit Krisen, Belastungen und Entwicklungsaufgaben erreichen wir Widerstandskraft, Überlebensfähigkeit und eine metaphorische Steh-auf-Mentalität. Zum Glück gibt es einen Wirkungsbereich, der uns beim Erreichen dieser Widerstandskraft helfen kann: Schutzfaktoren wie z. B. ein gutes soziales Netz, eine stabile Beziehung, Optimismus, Selbstwirksamkeitsüberzeugung und vieles mehr. Auf einige Bereiche in diesem Wirkungsbereich können wir aktiv Einfluss nehmen und unsere Einstellung gegenüber bestimmten Stressoren reflektieren oder versuchen zu ändern.

Welche Charakteristika hat personale Resilienz?

Man kann in einem nicht perfekten Leben glücklich sein.
Lucy Pollock

Resilienz ist dynamisch

Resilienz wird heute verstanden als dynamischer Anpassungs- und Entwicklungsprozess (s. Abb. 14), der aus einer Interaktion zwischen dem Individuum und seiner Umwelt in einem bidirektionalen Prozess gestaltet wird (vgl. Wustmann 2005, S. 193). Resilienz wird somit weitgehend als eine erworbene und nicht als angeborene Fähigkeit betrachtet (Fröhlich-Gildhoff u. Rönnau-Böse 2015, S. 10). Neurowissenschaftliche Perspektiven auf die Entwicklung von Resilienz gehen von einem aktiven Individuum aus, das seine Umwelt selbst konstruiert und auch auf sie einwirkt (vgl. Hüther 2007, S. 52 f.). Insgesamt wird deutlich,

> »dass Resilienz nicht eine zeitlich stabile, übergreifende Eigenschaft ist, die das jeweilige Individuum unbesiegbar macht, sondern, dass es sich um ein kontextabhängiges Phänomen handelt« (Holtmann u. Laucht 2007, S. 39).

Resilienz ist situationsspezifisch und multidimensional

Resilienz ist nicht automatisch auf alle Lebensbereiche eines Menschen übertragbar und entwickelt sich eher im Kontext spezifischer Situationen (vgl. Fröhlich-Gildhoff u. Rönnau-Böse 2015, S. 10).

> »Wir müssen im Auge behalten, dass es eine veränderliche Balance zwischen stresserzeugenden Lebensereignissen, die die kindliche Vulnerabilität verstärken, und schützenden Faktoren im Leben der Kinder gibt, die ihre Widerstandskraft stärken. Dieses Gleichgewicht kann sich mit jedem Lebensabschnitt verschieben und ist auch abhängig vom Geschlecht des Kindes und kulturellen Kontext, in dem es lebt« (Werner 2007, S. 27).

Leuzinger-Bohleber (2009) bezieht sich in ihrem Text zum Einfluss von Frühprävention auf die Entwicklung von Resilienz ebenfalls auf die Situationsabhängigkeit von Resilienz und betont, dass

> »zunächst als resilient eingeschätzte Kinder eine frühkindliche Widerstandsfähigkeit über einen Entwicklungsverlauf mehrerer Jahre auch wieder verlieren können« (Leuzinger-Bohleber, Fischmann u. Lebiger-Vogel 2009, S. 101).

Eine moderne Perspektive auf Resilienz beinhaltet die multidimensionale Perspektive und versteht psychische Widerstandskraft,

> »als ein Produkt des Zusammenspiels vieler Ressourcen und psychischer Prozesse[...], die sich ihrerseits entwickeln« (Leipold 2015, S. 19).

Die neuere Resilienzforschung hat auf diese Besonderheit reagiert und spricht nicht von einer universellen Resilienz, sondern von für verschiedene Lebensbereiche spezifischen Resilienzen (vgl. Wustmann 2005, S. 194). Auf diese Konstrukte nehmen biologische, psychologische und psychosoziale Faktoren Einfluss (vgl. Fröhlich-Gildhoff u. Rönnau-Böse 2015, S. 11). Eine weitere Dimensionsebene ist der Einfluss von kulturellen Förderungsangeboten und sozialen Strukturen, die dem Individuum erst ermöglichen, bestimmte Bewältigungsstrategien zu erproben und fördernde Ressourcen aufzubauen.

Resilienz entsteht durch positive Bewältigung

In der Resilienzforschung werden unter positiver Bewältigung i. d. R.

> »das Fehlen von Lern- oder Verhaltensproblemen oder erfolgreiche Bewältigung der Entwicklungsaufgaben der Kindheit und Jugend« (Werner 2007, S. 21)

und die Abwesenheit einer psychischen Erkrankung subsumiert. Zusätzlich lässt sich unter einer positiven Bewältigung auch die positive Bewertung einer Bewältigungsstrategie durch das soziale Umfeld und die subjektive positive Bewertung der eigenen Bewältigungsstrategie verstehen:

> »Inwieweit von erfolgreicher Anpassung [...] gesprochen werden kann, hängt von der jeweiligen Messlatte, eben den Erfolgskriterien ab, die zur Bewertung herangezogen werden« (Leipold 2015, S. 25).

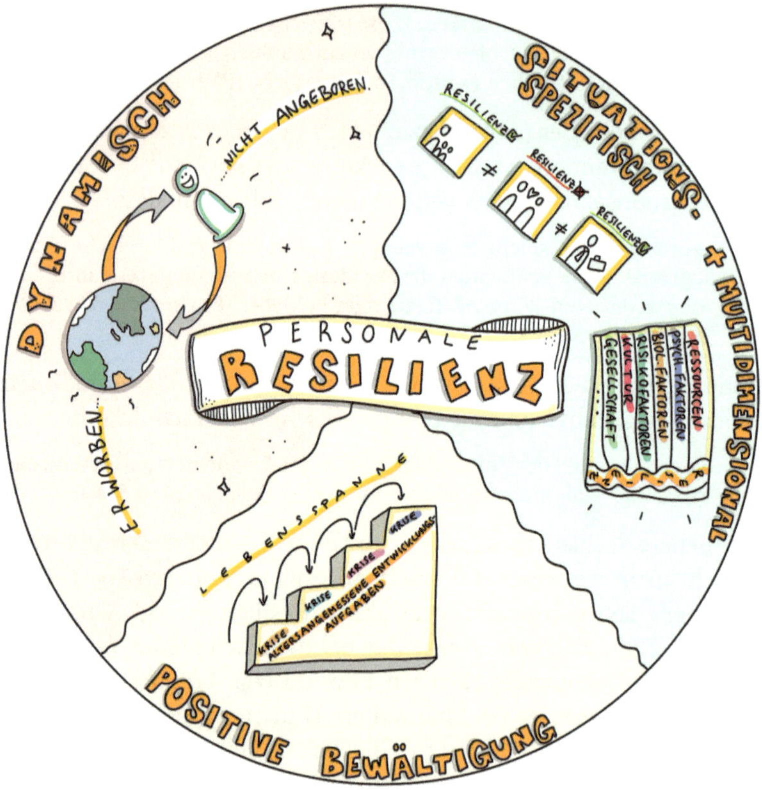

Abb. 14: Charakteristika personaler Resilienz

Wo liegen die Anfänge der Resilienzforschung?

Die heutigen Erkenntnisse stützen sich auf eine Vielzahl multidisziplinärer Forschungsergebnisse. Insbesondere die Entwicklungspsychologie, Entwicklungspsychopathologie, Bindungsforschung und die neurobiologische Lernforschung haben wichtige Erkenntnisse für das heutige Verständnis von Resilienz geliefert (vgl. Fröhlich-Gildhoff u. Rönnau-Böse 2015, S. 20; Masten 2016, S. 25). Einen guten Überblick über den Forschungsstand liefern Wright, Masten und Narayan (2013). Sie beschreiben die Genese der Resilienzforschung als wellenartig verlaufendes Zyklusmodell (s. Abb. 15).

In der ersten Welle herrschte ein eher deskriptives Interesse an der Identifikation von Risiko- und Schutzfaktoren und an der Aufgabe, das Phänomen der Resilienz zu beschreiben (vgl. ebd., S. 19 f.). Der Beginn der ersten Phase dieser Forschung lag zwischen 1960 und 1970 (vgl. Masten 2016, S. 21). Die erste Phase könnte als deskriptiver, *»necessary empirical first step«* (vgl. *Wright, Masten a. Narayan 2013*, S. 22) bezeichnet werden. Der Fokus lag darauf zu identifizieren, was individuelle Resilienz bedeuten kann und welche Prädiktoren eine positive Anpassung an Krisen beeinflussen (vgl. Masten 2016, S. 23). Der Fokus der ersten Forschungswelle lag primär auf dem Individuum und nicht auf der umgebenden Umwelt.

Die zweite Welle der Resilienzforschung beschäftigte sich mit der Integration von Risiko- und Schutzfaktoren in prozessorientierte Modelle:

> »Obwohl die erste Welle zu zahlreichen Ideen, Konstrukten, Methoden und Erkenntnissen über wechselseitige Einflüsse auf Resilienz führte (wie auch zu vielen widersprüchlichen Positionen), wurde schnell deutlich, dass anspruchsvollere Modelle zur Berücksichtigung der komplexen Prozesse erforderlich waren, die sich aus den ursprünglichen Forschungsbefunden ergeben hatten« (Wright, Masten a. Narayan 2013, p. 21, Übers. v. J. J.).

Die dritte Phase stand im Zeichen eines ersten Versuches, eine theoriegeleitete Entwicklung von Interventionen zu schaffen, um psychische Widerstandsfähigkeit zu fördern (vgl. ebd., S. 27). In der aktuellen vierten Phase liegt der Fokus auf bildgebenden Verfahren des Neuroimaging und der Erforschung der genetischen und neurobiologischen Anteile von Resilienz (vgl. Masten 2016, S. 24). Resilienzforschung wird in der aktuellen Forschungsdekade explizit als multidisziplinäres Wissenschaftsgebiet verstanden (vgl. ebd.):

> »Im vergangenen Jahrzehnt hat sich die Forschung zur Erklärung der biologischen und der neurowissenschaftlichen Grundlagen der Resilienz entwickelt [...]. Zur gleichen Zeit finden ehemals unabhängige, unterschiedliche Forschungsfelder zur Resilienz auf verschiedenen Ebenen in verschiedenen Disziplinen (z. B. Ökologie, Ingenieurswissenschaften, Gesundheitswesen, Katastrophenschutz) zusammen in Reaktion auf dringende nationale und globale Bedrohungen, die integrative Lösungen erfordern, wie beispielsweise Umweltkatastrophen, Terrorismus, Erderwärmung und Grippepandemien« (Wright, Masten a. Narayan 2013, p. 30, Übers. v. J. J.).

Masten beschreibt die Verbindung zwischen den Folgen des Zweiten Weltkrieges, welcher eine verstärkte Aufmerksamkeit für die verheerende Notlage vieler Kriegswaisen mit sich brachte:

> »Die Frage, welche Folgen diese Widrigkeiten für Kinder und Erwachsene haben würden, löste gleich mehrere Untersuchungswellen aus, u. a. auch Langzeit-follow-up-Studien mit Menschen, die Konzentrationslager, Verstrahlung, Hungersnot, den Verlust der Eltern und andere Katastrophen überlebt haben« (Masten 2016, S. 22).

Eine weitere Verbindung zwischen den Erlebnissen des Krieges und dem Beginn der Resilienzforschung bestand auch in der persönlichen Betroffenheit einzelner Wissenschaftler:innen vom Zweiten Weltkrieg: z. B. Norman Gamezy, Emmy Werner, Michael Rutter (vgl. Masten 2016, S. 22).

Abb. 15: Wellen der Resilienzforschung

Die Kauai-Studie

Erste Definitionen von Resilienz für den therapeutischen Kontext wurden Anfang der 1970er-Jahre vorgelegt. Hintergrund waren Längsschnittuntersuchungen mit benachteiligten Kindern auf Hawaii, die über 40 Jahre lang von 1955 bis 1995 durchgeführt worden waren und einige bisherige psychologische und pädagogische Glaubenssätze zur kindlichen Entwicklung ins Wanken brachten. Die Entwicklungspsychologin Emmy Werner aus Kalifornien beobachtete und befragte zusammen mit ihrem Team aus Kinderärzt:innen, Psycholog:innen und Mitarbeitenden der Sozial- und Gesundheitsdienste insgesamt 698 Kinder aus armen, dysfunktionalen und beeinträchtigten Verhältnissen auf der Insel Kauai auf Hawaii, die dort 1955 geboren wurden (s. Abb. 16). Die Gruppe der heranwachsenden Kinder hat man im Alter von 1, 2, 10, 18, 32 und 40 Jahren jeweils systematisch beobachtet und verschiedene Parameter erfasst (vgl. Werner 2007, S. 21). Dabei handelte es sich überwiegend um Kinder von Plantagenarbeiter:innen, die ganz verschiedenen Ethnien angehör-

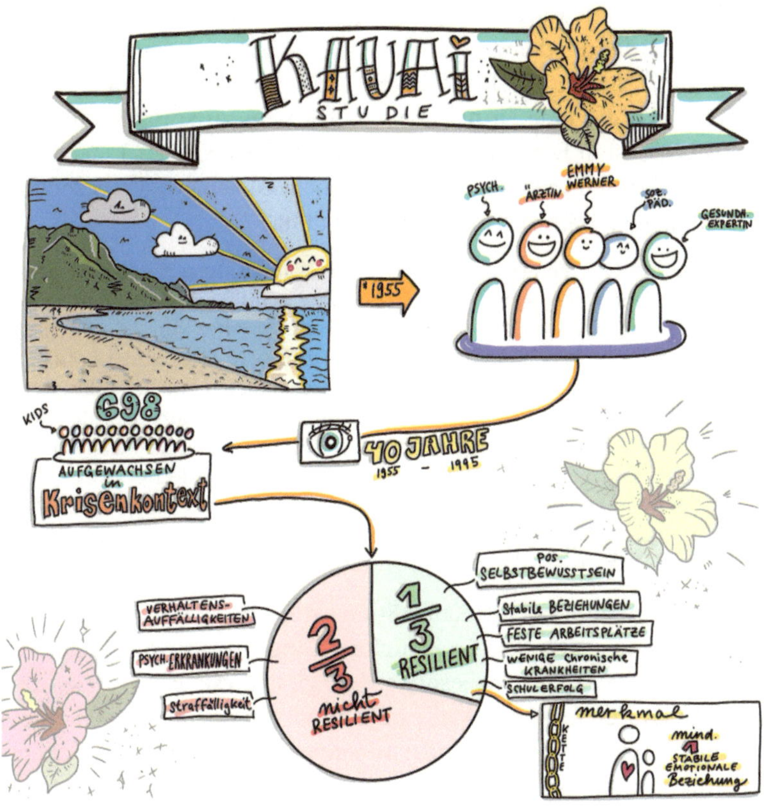

Abb. 16: Die Kauai-Studie

ten und deren Lebensumstände gekennzeichnet waren von geringer Mobilität und einer bescheidenen Infrastruktur in puncto Gesundheitswesen, Bildungssystem und Wohlfahrtspflege. Man kann die Lebensumstände dieser Kinder getrost als schwierig bezeichnen. Aus heutiger Sicht könnte man sagen, die Kauai-Kinder waren in einem Krisenkontext aufgewachsen.

Das Team beobachtete nun bei diesen Kindern, die in Armut geboren und desorganisiert aufgewachsen waren, eine Quote von einem Drittel, die ihre beeinträchtigenden Lebensumstände gut überstanden, obwohl bei ihnen teilweise schon vor der Geburt Komplikationen aufgetreten waren und sie in Familien lebten

> »in denen chronischer Unfrieden, Scheidung oder elterliche Psychopathologie drohten; und sie wurden von Müttern großgezogen, die weniger als acht Jahre zur Schule gegangen waren« (Werner 2008, S. 30).

Zwei Drittel der Kinder zeigten dagegen bis zum Alter von 10 Jahren bereits Lern- oder Verhaltensprobleme bzw. wurden bis zum Alter von 18 Jahren psychisch krank oder straffällig. Demgegenüber konnte sich das eine Drittel resilienter Kinder zu kompetenten und selbstbewussten Erwachsenen entwickeln, die weder als Jugendliche noch im Erwachsenenalter im Vergleich zu Gleichaltrigen besondere Auffälligkeiten oder Lernprobleme zeigten:

> »Sie absolvierten erfolgreich die Schule, kamen im privaten und gesellschaftlichen Leben gut zurecht, und ihre schulischen und beruflichen Ziele und Erwartungen waren realistisch. Im Alter von 40 Jahren war keine dieser Personen arbeitslos, keine mit dem Gesetz in Konflikt gekommen und keine auf staatliche Fürsorge angewiesen. Scheidungsrate, Sterblichkeitsrate und die Anzahl chronischer Gesundheitsprobleme lagen bei diesen Personen im mittleren Lebensalter signifikant niedriger als bei den gleichaltrigen Personen gleichen Geschlechts. Ihre schulischen und beruflichen Leistungen waren den Leistungen jener Individuen vergleichbar oder sogar überlegen, die in einem ökonomisch sicheren und stabileren häuslichen Umfeld aufgewachsen waren« (ebd., S. 30–31).

Aus den Ergebnissen der Kauai-Studie wurden viele Impulse für die Ausdifferenzierung der Resilienzforschung und für die Praxis der Prävention gezogen. Insbesondere zeigten diese Ergebnisse, dass Schutzfaktoren in hohem Maße miteinander interagieren, sich gegenseitig moderieren und einander verstärken – auch über die Lebensspanne hinweg (vgl. Bengel, Meinders-Lücking u. Rottmann 2009, S. 33 f.). Werner prägte hierfür den Begriff der »Kette schützender

Faktoren« (Fröhlich-Gildhoff u. Rönnau-Böse 2015, S. 16). Zusätzlich postuliert Werner die Ausweitung der Wirksamkeit von Schutzfaktoren über kulturelle und geografische Grenzen hinweg und die höhere Gewichtung von Schutzfaktoren gegenüber Risikofaktoren:

> »Die lebensbegünstigenden Eigenschaften und sozialen Bindungen innerhalb der Familie und Gemeinde, die wir in Kauai dokumentiert haben, scheinen Schutzfaktoren zu sein, die in vielen Fällen ethnische und geographische Grenzen überschreiten und einen größeren Einfluss auf den Lebensweg der Kinder ausüben als spezifische Risikofaktoren oder stresserzeugende Lebensereignisse« (Werner 2007, S. 21).

Die meisten in der Kauai-Studie beobachteten und als resilient definierten Kinder hatten mindestens eine stabile erwachsene Bezugsperson, die Vertrauen und Autonomie förderte und ein emotional positives und unterstützendes Erziehungsverhalten lieferte:

> »Trotz der Belastungen durch familiäre Dissonanz, elterliche Psychopathologie oder körperliche Behinderungen hatten die widerstandsfähigen Kinder in unserer Studie die Chance, eine enge Bindung mit mindestens einer kompetenten und stabilen Person aufzubauen, die auf ihre Bedürfnisse eigegangen war« (ebd., S. 23).

Diese Bezugsperson muss nicht zwingend ein Elternteil sein, einzelne Kinder suchten sich diese Bezugspersonen auch außerhalb der Kernfamilie (vgl. Wustmann 2005, S. 196; Werner 2007, S. 24).

Resilienz als Kompetenz zur Krisenbewältigung

Wie wir gesehen haben, liegen die Anfänge der Resilienzforschung im Bereich der Risikofaktorenforschung. Nicht zuletzt deshalb kann ein Rückblick darauf auch für uns nützlich sein.

Eine starke pathogenetische Perspektive konzentrierte sich in den Anfängen der Resilienzforschung eher auf die Faktoren, die Krankheit befördern. Erst später fügte man eine salutogenetische Perspektive hinzu und forschte expliziter nach Schutzfaktoren, die maßgeblich an dem Erhalt von Gesundheit beteiligt sind (vgl. Kap. 4). Insbesondere zu Beginn der Resilienzforschung wurden Gruppen untersucht, die widrigsten Bedingungen ausgesetzt waren. Auch die einflussreichsten Resilienzstudien (wie die Kauai-Studie, die Mannheimer-Risikokinderstudie, die Bielefelder Invulnerabilitäts-Studie etc.) arbeiteten mit Kindern und Jugendlichen, die in der Kindheit schwerwiegenden Risikofaktoren ausgesetzt waren (vgl. Werner 2007,

S. 20 f.; Lösel u. Bender 2007, S. 57 f.; Bengel, Meinders-Lücking u. Rottmann 2009, S. 32 f.).

Resilienzreaktionen im Krisenverlauf

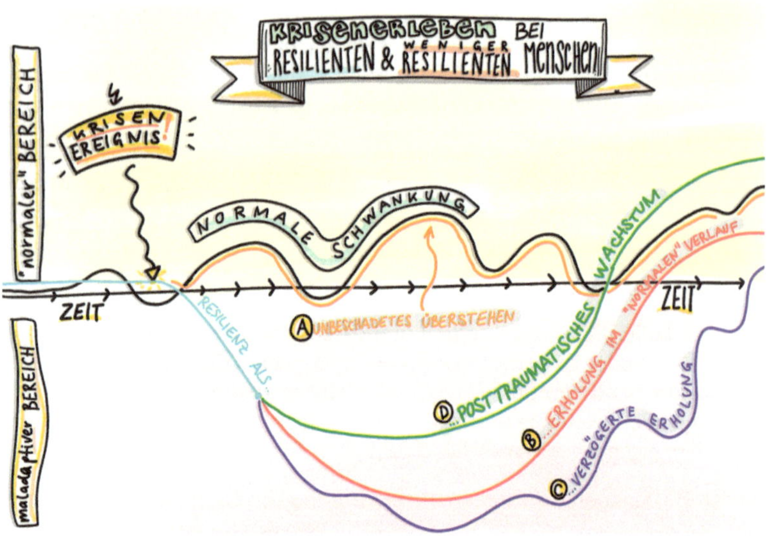

Abb. 17: Resilienzreaktionen im Krisenverlauf (Heller 2018, S. 8)

Wie erleben Menschen Krisen, und wie verläuft ihre Erholung von diesen Krisen? In Abbildung 17 wird eine Vielfalt von Entwicklungsverläufen nach Eintreten eines kritischen Ereignisses dargestellt. Gegeben sind vorhandene Entwicklungsrisiken oder eine eintreffende Krisensituation (Verlust eine:r Freund:in; Trennung der Eltern etc.). Dies ist in unserer Visualisierung dargestellt als eintreffendes Krisenereignis. Im Folgenden beschreiben wir die verschiedenen dynamischen Resilienzverläufe.

Verlauf A zeigt eine Adaption in der Form eines gleichmäßigen Verlaufs. Dies lässt sich als »unbeschadetes« Überstehen interpretieren.

Verlauf B zeigt nach dem Eintreffen einer akuten Krisensituation einen Abfall in den maladaptiven Bereich mit anschließendem Wiedererlangen des durchschnittlichen Funktionsniveaus. Dies ist ein normaler Entwicklungsverlauf nach dem Eintreten von Krisen.

Leipold (2015, S. 18) hat darauf hingewiesen, dass wir Resilienz nicht mit einer Unverwundbarkeit gegenüber Krisen verwechseln dürfen. Natürlich trifft uns z. B. die Trennung einer Partner:in. Aus der Sicht von Resilienz geht es aber primär um das Erholen und das Wiedererlangen des ursprünglichen Funktionsniveaus.

Verlauf C zeigt eine verzögerte Erholung. Beispielsweise könnte die Trennung einer Partner:in begleitet sein von einer Phase intensiver beruflicher Verpflichtungen. Immer wenn die Person mit der Aufarbeitung dieser Krisensituation beginnen möchte, wird sie durch neue Anforderungen noch stärker in einen maladaptiven Bereich gedrückt und erreicht erst nach einiger Zeit wieder ihr ursprüngliches Funktionsniveau.

Verlauf D zeigt das, was wir unter posttraumatischem Wachstum verstehen. Beispielsweise nach einer Trennung von der Partner:in wird diese durchgearbeitet und als Anlass für einen Wandel gesehen, beispielsweise durch eine berufliche Umorientierung oder die Kontaktaufnahme zu alten Freund:innen. Diese Aufarbeitung und die eingeleiteten transformativen Prozesse ermöglichen hier das Erreichen eines neuen Funktionsniveaus.

Dieses vereinfachte Beispiel soll einen rudimentären Einblick in die Vielfalt von resilienten Entwicklungsverläufen bieten. Für die Perspektive einer wissenschaftlich orientierten Resilienzforschung dient dieses Schaubild zum Aufzeigen der Tatsache, dass aus allen Verläufen tendenziell eine resiliente Entwicklung abgeleitet werden kann. In einem medialen, populären Bezug auf Resilienz oder im Alltagsbewusstsein werden häufig nur die Verläufe B und D als resilient eingestuft. Es werden Geschichten von Personen dargestellt, die widrigste Bedingungen oder starke Traumata erlitten haben und danach gestärkt daraus hervorgegangen sind (und wir lieben diese Darstellungsform der Kulturindustrie). Aus dieser Form entsteht ein dialektisches Verhältnis bezüglich des Gewinns für die Resilienzforschung. Auf der einen Seite ist der verstärkte Diskurs über psychische Widerstandskraft, mögliche Überwindung von krisenhaften Situationen oder im Optimalfall ein Wachstum am Erlebten eine hoffnungsvolle Darstellung der Möglichkeiten für die Individuen einer Gesellschaft und lenkt größere Aufmerksamkeit auf die Erforschung dieses Wissensgebietes. Auf der anderen Seite ist diese Verkürzung der Resilienz ein Bärendienst. Die Verkürzung der Resilienz als posttraumatisches Wachstum verstärkt den existenten Druck zur

Selbstoptimierung: Die Bewältigung eigener »Defizite« wird als universell lösbare Aufgabe inszeniert und als Auftrag dem Individuum zugeschrieben.

In der Resilienzforschung geht es an vielen Stellen um die Auseinandersetzung mit Individuen, die Krisen »einfach nur« unbeschadet überstanden haben und Entwicklungsziele erreicht haben, welche sich nicht unbedingt für ein mediales Format eignen würden: das Führen einer harmonischen Paarbeziehung, das Ausüben eines Berufes, kein Drogenabusus, eine optimistische Grundeinstellung usw.

Mit einer Beschränkung der Resilienz auf posttraumatisches Wachstum verschärft sich zusätzlich der Eindruck, dass es für die Entwicklung von Resilienz ganz besondere Fähigkeiten braucht und dass »vollkommen« resiliente Menschen sehr selten sind. Masten betont hier explizit eine andere Perspektive:

> »Die Evidenz lässt jedoch auf das Gegenteil schließen: nämlich, dass Resilienz verbreitet ist und über elementare Schutzmechanismen funktioniert [...]. Widerstandskraft geht aus adaptiven Systemen hervor, wie sie für die Kinderentwicklung gang und gäbe sind [...]. Wie Resilienzstudien andeuten, sind es immer wieder die gleichen, mit positiver Anpassung und Entwicklung verbundenen Faktoren, die Hinweise dafür liefern, worauf es bei Resilienz wirklich ankommt« (Masten 2016, S. 24 f.).

Was sind Risiko- und Schutzfaktoren?

Die neuere Resilienzforschung legt den Fokus primär auf die vorhandenen internen und externen Schutzfaktoren und beschäftigt sich mit der Frage, wie es für Individuen möglich sein kann, Krisensituationen oder vorhandene Entwicklungsrisiken weitgehend unbeschadet zu überstehen oder sie als Anlass für die eigene Entwicklung zu nutzen. Die Resilienzforschung geht hier von einem ressourcen- und kompetenzorientierten Ansatz mit dem Fokus auf Schutzfaktoren aus. Dieser steht in Gegensatz zu einem bis in die 1970er-Jahre vorherrschenden defizitorientierten Ansatz, der eher die Erforschung von Risikofaktoren im Blick hatte (vgl. Wustmann 2005, S. 192; Fröhlich-Gildhoff u. Rönnau-Böse 2015, S. 20).

Als Risikofaktoren werden

> »krankheitsbegünstigende, risikoerhöhende und entwicklungshemmende Merkmale definiert, von denen potenziell eine Gefährdung der gesunden Entwicklung des Kindes ausgeht« (Holtmann u. Schmidt 2004 in Fröhlich-Gildhoff u. Rönnau-Böse 2015, S. 21).

Innerhalb der Risikofaktoren (s. Abb. 18) wird unterschieden zwischen sog. *Vulnerabilitätsfaktoren* (biologische/psychologische Merkmale des Kindes) und *Stressoren* (Ursprung in der psychosozialen Umwelt des Kindes, z. B. Abwesenheit eines Elternteils, junge Schwangerschaft unter 18 Jahren). Innerhalb der Vulnerabilitätsfaktoren wird zusätzlich unterteilt in *primäre* (existieren von Geburt an z. B. neurophysiologische Defizite, chronische Erkrankungen) und *sekundäre Faktoren* (durch Person-Umwelt-Interaktion erworben, z. B. geringe Fähigkeit zur Selbstregulation von Anspannung und Entspannung) (ebd.).

Abb. 18: Risiko- vs. Schutzfaktoren

Vulnerabilitätsfaktoren beschreiben biologische und psychische Merkmale. Beispiele hierfür sind sowohl primäre Vulnerabilitätsfaktoren (z. B. chronische Erkrankungen, sog. prä-, peri- oder postnatale Komplikationen wie ein niedriges Geburtsgewicht, eine Frühgeburt, oder Ernährungsdefizite) oder sekundäre Vulnerabilitätsfaktoren (z. B. eine geringe Fähigkeit zur Selbstregulation oder eine unsichere Bindungsorganisation) (vgl. Fröhlich-Gildhoff u. Rönnau-Böse 2015, S. 22).

Stressoren als Risikofaktoren beschreiben die psychosoziale Umwelt der Person. Hierunter werden strukturelle (unveränderbare) Stressoren gefasst – wie z. B. eine sehr junge Elternschaft (Stressor bezogen auf das Kind), mehr als vier Geschwister, Trennung oder Scheidung, Verlust eines Geschwisters oder Freundes (vgl. ebd.). Variable Stressoren treten in der Umwelt der Person auf (sind aber prinzipiell veränderbar), wie z. B. Kriminalität der Eltern, ein niedriges Bildungsniveau, soziale Isolation der Familie, ungünstige Erziehungspraktiken der Eltern, aversives kriminelles Wohnumfeld oder Arbeitslosigkeit der Bezugspersonen (vgl. ebd.). Unabhängig von Vulnerabilitätsfaktoren und Stressoren gibt es sogenannte Phasen erhöhter Vulnerabilität. Dies sind bestimmte Übergangsphasen, in denen eine tendenziell höhere Wahrscheinlichkeit besteht, dass eine risikoerhöhende Situation zu einem negativen Entwicklungsergebnis führt – beispielsweise der Übergang vom Kindergarten in die Schule oder ein Schulwechsel. Neben den Kategorien der intrapersonalen Vulnerabilitätsfaktoren und den interpersonellen Risikofaktoren werden traumatische Erlebnisse als Sonderkategorie gefasst. Hierunter verstehen wir u. a. das Erleben von körperlichem, sexuellem oder emotionalem Missbrauch, Kriegs- und Fluchterfahrungen oder die Einflüsse von Naturkatastrophen. Diese Situationen haben ein stärkeres Potenzial, eine gesunde Entwicklung des Kindes zu gefährden als ein Risikofaktor oder Vulnerabilitätsfaktor (vgl. Masten 2016, S. 125).[7]

Spezifische Wirkmechanismen von Risikofaktoren konnten ebenfalls empirisch belegt werden: Ähnlich zu den Wirkmechanismen der Schutzfaktoren weisen Risikofaktoren auch eine kumulative Wirkung auf. Je mehr Risikofaktoren und Vulnerabilitätsfaktoren auf die Person einwirken, desto höher ist die Wahrscheinlichkeit zur Entwicklung einer Verhaltensstörung (Lösel u. Bender 2007, S. 63; Opp u. Fingerle 2007, S. 14). Je früher und länger eine Risikobelastung auftritt bzw. besteht, desto größer ist die Wahrscheinlichkeit für eine Entwicklungsgefährdung (vgl. Fröhlich-Gildhoff u. Rönnau-Böse 2015, S. 26).

Als Schutzfaktoren werden Merkmale beschrieben, die

> »das Auftreten einer psychischen Störung oder einer unangepassten Entwicklung verhindern oder abmildern sowie die Wahrscheinlichkeit einer positiven Entwicklung erhöhen« (Rutter 1990 in Fröhlich-Gildhoff u. Rönnau-Böse 2015, S. 28).

Bei den Schutzfaktoren wird weiter unterschieden zwischen *personalen Ressourcen* (wenig beeinflussbar wie z. B., ein erstgeborenes Kind zu sein, weibliches Geschlecht etc.) und *sozialen Ressourcen*

7 Den Zusammenhang zwischen Massentrauma und extremen Widrigkeiten bei Krieg, Terroranschlägen und Katastrophen beschreibt Masten (2016, S. 121 f.).

(mikrosoziale Faktoren in der direkten Umwelt des Kindes, z. B. harmonische Paarbeziehung der Eltern, enge Geschwisterbindungen etc.).

Das weibliche Geschlecht gilt als personaler Schutzfaktor aufgrund der statistischen Verteilungen bei der Häufigkeit von psychischen Erkrankungen: Mädchen erkranken bis zur Pubertät statistisch seltener an psychischen Störungen, nach der Pubertät tendenziell häufiger als männliche Personen v. a. an Depressionen und Essstörungen (vgl. Bengel, Meinders-Lücking u. Rottmann 2009, S. 62).

Zwei wesentliche Wirkmechanismen von Schutzfaktoren konnten empirisch belegt werden: Schutzfaktoren haben zum einen eine *kumulative Wirkung*, d. h., je mehr Schutzfaktoren vorhanden sind, desto höher ist die protektive Wirkung (Fröhlich-Gildhoff u. Rönnau-Böse 2015, S. 31).

Zum Zweiten sind Schutzfaktoren *hierarchisch organisiert*, bestimmte Schutzfaktoren entfalten eine höhere protektive Wirkung als andere (vgl. ebd.; Dornes 2014, S. 109).

Emmy Werner lieferte mit ihren Forschungsarbeiten wesentliche Erkenntnisse über den schützenden Einfluss einer emotional stabilen, erwachsenen Bezugsperson. Dieser sichere Kontakt steht in Verbindung zu einer Reihe von weiteren hochrelevanten Schutzfaktoren für eine gesunde psychische Widerstandskraft:

> »Der wesentliche Schutzfaktor, der am stärksten zu einer gelingenden seelisch gesunden Entwicklung beiträgt und viele Risikofaktoren abpuffern kann, ist eine stabile, wertschätzende, emotional warme Beziehung zu einer (erwachsenen) Bezugsperson« (Fröhlich-Gildhoff u. Rönnau-Böse 2015, S. 32).

Durch eine verlässliche, emotional stabile Bezugsperson ist es für das Kind möglich, eine sichere Bindungsbeziehung aufzubauen und diese als Ausgangspunkt oder sicheren Hafen für die Exploration der eigenen Umwelt zu verwenden:

> »Die Ausbildung sichererer Bindungsbeziehungen ist die erste und wichtigste Voraussetzung dafür, dass auch die weiteren Schritte eines langen und komplizierten Sozialisationsprozesses gelingen können« (Hüther 2007, S. 54).

Die Bedeutung von Bindung bei Erwachsenen

Neben den diagnostischen Verfahren zur Ermittlung von verschiedenen Bindungsmustern bei Kleinkindern existieren auch diagnostische Mittel zur Feststellung der Bindungshaltung von erwachsenen Personen (vgl. Brisch 2007, S. 140; Siegler et al. 2016, S. 404 f.; Dornes 2014, S. 66 f.). Das verbreitetste diagnostische Werkzeug in diesem Bereich stellt das »Adult-Attachement-Interview« (AAI) dar, welches versucht, aus den Narrativen Erwachsener über ihre Bindungserfahrungen Rückschluss auf verschiedene Bindungshaltungen zu generieren[8]:

> »Sie [die primären Bezugspersonen, Erg. d. A.] erzählen über ihre Kindheit, z. B. ob sie bei Kummer einen Ansprechpartner hatten und getröstet wurden, wie die Beziehung zu Mutter und Vater war, ob sie in der Kindheit eine wichtige Person verloren haben, ob sie sich von den Eltern zurückgewiesen oder bedroht fühlten, warum ihre Eltern ihrer Meinung nach so gehandelt haben, wie sie es taten, ob und wie die Kindheitserfahrung vermutlich ihre weitere Entwicklung beeinflusst hat usw.« (Dornes 2014, S. 67).

Interessant ist an dieser Stelle, dass in den Bindungshaltungen von Erwachsenen ein Passungsverhältnis bzw. Äquivalenzen zu den Bindungsmustern von Kleinkindern gefunden wurden. Unterschieden wird zwischen *sicheren* Bindungshaltungen (autonom; *free-autonomous*), *unsicher-distanzierten* Bindungshaltungen (*dismissive*) und *unsicher-verstrickten* Bindungshaltungen (*preoccupied*) sowie der Zusatzkategorie *unverarbeitete Verluste* (*unresolved loss and trauma*)[9] (vgl. Brisch 2007, S. 140; Dornes 2014, S. 67 f.). Die Verteilung der Häufigkeit dieser Kategorien erwachsener Bindungshaltungen weist eine Nähe zu den Ergebnissen in der Verteilung der Bindungsstile von Kleinkindern auf:

> »Die Häufigkeitsverteilung in der Bindungsorganisation bei ›normalen‹ Müttern [was in diesem Fall steht für ›keine akuten psychischen Erkrankungen‹, Erg. d. A.] ist wie folgt: 55 % sind autonom, […] 16 % distanziert, […] 9 %

8 Das Adult-Attachment-Interview ist als halbstrukturierte Interviewtechnik konzipiert (vgl. Brisch 2007, S. 140). Diese retrospektiven Narrationen werden seitens der Forscher:innen auf bestimmte Parameter wie z. B. Kohärenz, intersubjektive Nachvollziehbarkeit und Plausibilität, Elaboration, emotionalen Gehalt etc. systematisch analysiert.

9 Eine ausführliche Beschreibung, wie die unterschiedlichen Bindungshaltungen in ihren Narrationen über die eigenen Bindungserfahrungen interagieren, findet sich bei Dornes (2014, S. 68 f.).

verstrickt und 19 % leiden unter einem unbewältigten Trauma« (Dornes 2014, S. 69).

Auf eine ähnliche Häufigkeitsverteilung weisen auch Siegler und Kolleginnen hin:

> »In einer Stichprobe von nordamerikanischen weißen Müttern, die keine diagnostizierten psychischen Störungen hatten, wurden 53 % als sicher, 23 % als abweisend und 19 % als verstrickt kategorisiert« (Siegler et al. 2016, S. 404).

Diese Ergebnisse wurden in unterschiedlichen Studien dahingehend untersucht, ob eine Korrelation zwischen den Bindungshaltungen der Eltern und den Bindungsmustern der Kleinkinder existiert. Die Ergebnisse der Studien »weisen auf eine Weitergabe von Bindungsstilen und -mustern zwischen den Generationen hin« (Brisch 2007, S. 141). Dies ist auch aus systemisch-familientherapeutischer Sicht lange bekannt.

In Bezug auf die Transgenerationalität konnte festgestellt werden, dass Kinder mit einer Wahrscheinlichkeit von 75 % bei Müttern mit der Bindungshaltung sicher-autonom auch einen sicheren Bindungsstil entwickeln werden (vgl. Brisch 2007, S. 141; Dornes 2014, S. 69 f.). Siegler und Kolleginnen (2016) stellen ähnliche Ergebnisse bezüglich der Transgenerationalität vor (s. Abb. 19): Sicher gebundene Kinder haben mit einer Wahrscheinlichkeit von 73 % Eltern bzw. eine primäre Bezugsperson, die auch als autonom zu klassifizieren sind, mit einer Wahrscheinlichkeit von 13 % Eltern mit einem unbewältigten Trauma, zu 8 % Eltern aus der Klassifikation »distanziert« und zu 5 % aus der Klassifikationsgruppe »verstrickt« (vgl. Siegler et al. 2016, S. 405).

Interessant sind in den Ausführungen von Siegler und Kolleginnen (ebd.) auch die Ergebnisse zur Verteilung der Bindungshaltungen bei den Gruppen der unsicher-vermeidend gebundenen Kinder und der als desorganisiert klassifizierten Kinder: Bei beiden Gruppen lässt sich eine hohe Wahrscheinlichkeit feststellen, dass die primäre Bezugsperson das Pendant der elterlichen Bindungshaltung vertritt, bei beiden Gruppen lag diese Wahrscheinlichkeit bei 53 %.

Brisch merkt zusätzlich an, dass

> »Forschungsergebnisse darauf hinweisen, dass es einen Zusammenhang zwischen desorganisiertem Bindungsmuster bei Kindern gibt und ungelösten Traumata der Eltern« (Brisch 2007, S. 143).

Abb. 19: Bindungsstile der Eltern

Bei der Gruppe der unsicher-ambivalent gebundenen Kinder entsteht ein komplexeres Bild bezüglich der Transgenerationalität: Hier weisen die Ergebnisse auf eine nur um vier Prozentpunkte differente Wahrscheinlichkeit hin, dass die primären Bezugspersonen von unsicher-ambivalent gebundenen Kindern zur Gruppe der autonomen (32 %) oder der verstrickten (36 %) Bindungshaltung zählen können (vgl. Siegler et al. 2016, S. 405). Zu betonen ist an dieser Stelle, dass die Einteilung in Bindungshaltungen und kindliche Bindungsstile noch keine pathologische Qualität[10] besitzt, »sondern [...] einen Teilbereich aus dem breiten Spektrum der Normalität« (Dornes 2014, S. 58) darstellt. In Untersuchungen konnte festgestellt werden, dass

10 Eine detaillierte Abgrenzung zwischen Bindungsstilen und Bindungsstörungen mit pathologischer Relevanz beschreibt Brisch (2007, S. 141 f.).

die Zugehörigkeit zu den Gruppen unsicher-ambivalent, unsicher-vermeidend und desorganisiert lediglich einen risikoerhöhenden Faktor darstellt zur Entwicklung von »*psychopathologisch relevanten Problemen*« (ebd.).[11] Insbesondere der Einflussfaktor der Feinfühligkeit auf die Entwicklung von Bindungsstilen lässt sich durch Interventionen verändern (vgl. Siegler et al. 2016, S. 406 f.).

Wie wir in Kapitel 2 an zahlreichen Fallstudien gesehen haben, können diese Ergebnisse auch für den Umgang mit Konflikten in der Arbeitswelt, den Umgang von Teams miteinander sowie den Führungsstil von Leitungskräften bedeutsam sein und sollten in Zukunft bei der Personalentwicklung eine größere Aufmerksamkeit erfahren.

Exkurs: Frühe Bindung und die Entwicklung von Resilienz

Dieser Abschnitt ist für diejenigen Leser:innen gedacht, die mehr über den Zusammenhang von früher Bindung und Resilienz wissen wollen.

Das Bindungssystem entfaltet sich im ersten Lebensjahr und ist an dieser Stelle der Entwicklung auch entscheidend für die positive Bewältigung nachfolgender Entwicklungsaufgaben (vgl. Siegler et al. 2016, S. 407):

> »Der Grund dafür, dass Entwicklungspsychologen (sic!) sich so sehr für die Bindungssicherheit von Kindern interessieren, liegt darin, dass sicher gebundene Kinder (psychisch stabiler) und sozial kompetenter aufwachsen als unsicher gebundene Kinder. Eine Erklärung könnte lauten, dass Kinder mit einer sicheren Bindung eher ein positives und konstruktives inneres Arbeitsmodell von Bindung entwickeln. Man erinnere sich, dass das Arbeitsmodell von Bindung bei Kindern der Annahme nach ihre Anpassung und ihr Sozialverhalten sowie ihre Erwartungen an andere Menschen formt […]. Kinder, die eine sensible und unterstützende Erziehung erleben, wie sie mit einer sicheren Bindung einhergeht, lernen wahrscheinlich zudem, dass es akzeptabel ist, Emotionen in angemessener Weise auszudrücken, und dass emotionale Kommunikation mit anderen wichtig ist« (ebd., S. 407).

---

11 Es lässt sich kein kausaler Zusammenhang zwischen der Zugehörigkeit zu einem bestimmten Bindungsstil und der Entwicklung von psychopathologisch relevanten Problematiken herstellen, dennoch existieren Korrelationen, welche auf eine Verbindung hinweisen könnten: »Für klinische Populationen ergibt sich eine erhebliche Abweichung in der Häufigkeitsverteilung, insbesondere in der Zunahme der Verstrickten und Traumatisierten« (Dornes 2014, S. 69).

In diesem Zitat lässt sich ablesen, welch zentrale Stellung die wahrgenommene Bindungssicherheit und das damit einhergehende explorative Verhalten gegenüber der Umwelt haben. Beziehen wir diese Aussagen auf die Befunde der Resilienzforschung, lässt sich erkennen, dass die genannten Kompetenzen (Selbstwirksamkeit, Selbstregulation und soziale Kompetenz) in anderen theoretischen Ansätzen als Resilienzfaktoren gefasst werden. Zusätzlich bleibt dieser Einfluss der frühen kindlichen Bindungserfahrungen über die gesamte Lebensspanne aktiv, wie Untersuchungen zu den Bindungsrepräsentationen von älteren Kindern und Erwachsenen belegen (vgl. Dornes 2014, S. 61 ff.). Jane Ainsworth und John Bowlby hatten nach dem Zweiten Weltkrieg englische Kriegswaisenkinder untersucht und damit die Bindungsforschung begründet. Dabei wurde deutlich, welchen Stellenwert die primäre Bezugsperson bei der Ausbildung von psychologischer Sicherheit und basaler psychischer Widerstandskraft für das Kind hat.

Siegler und Kolleginnen beschreiben exemplarisch eine Studie, die von Daphna van den Boom Mitte der 1990er-Jahre durchgeführt wurde und die untersuchte, wie sich kindliche Bindungsstile durch Training des Kompetenz-Konstruktes der erzieherischen Feinfühligkeit verändern lassen (vgl. Siegler et al. 2016, S. 407). Ein Teil der Testgruppe erhielt ein 3-monatiges Training in den relevanten Bereichen der erzieherischen Feinfühligkeit, die andere Gruppe erhielt kein spezifisches Training. Die Ergebnisse zeigten, dass

> »der Anteil sicherer Bindungen bei den Kindern, deren Mütter der Intervisionsgruppe angehörten, deutlich höher war als bei den Kindern der Kontrollgruppe – 62 % im Vergleich zu 22 %« (ebd.).

Zusätzlich wurde mit einem Längsschnittdesign die Zeitstabilität untersucht:

> »In einer Längsschnittuntersuchung wurden die Kinder und Mütter erneut beurteilt, als die Kinder 18 Monate, 24 Monate und 3 ½ Jahre waren. Im Alter von 18 Monaten waren 72 % der Kinder der Interventionsgruppe sicher gebunden, verglichen mit 26 % der Kontrollgruppe« (ebd.).

Dies gibt Hinweise darauf, dass es (fast) nie zu spät ist, eine sichere Bindung aufzubauen. Übernommen wurde die Bedeutung einer sicheren Bindung auch von der Resilienzforschung. So betonte ihre Begründerin Emmy Werner immer wieder, dass die emotional positive, stabile Beziehung zu einer erwachsenen Bezugsperson den aus ihrer Perspektive *wichtigsten Schutzfaktor* zur Entwicklung von Resilienz darstellt (Fröhlich-Gildhoff u. Rönnau-Böse 2015, S. 31 f.) und die Grundlage der »Kette von schützenden Faktoren« durch den Kontakt zu einer emotional positiven Bezugsperson entfaltet wird (vgl. Werner 2007, S. 21; Fröhlich-Gildhoff u. Rönnau-Böse 2015, S. 16).

Aus Sicht der Resilienzforschung hat der Kontakt mit einer primären feinfühligen Bezugsperson einen unschätzbaren Multiplikatoreneffekt, der zur positiven Entwicklung des Kindes in vielen Bereichen (kognitiv, sozial-emotional), vor allem aber bei der Ausbildung der beschriebenen Resilienzfaktoren beiträgt:

> »Werden diese Bedürfnisse nach Bindungssicherheit befriedigt, so wird das Bindungssystem beruhigt und es kann als Ergänzung zum Bindungssystem das System der ›Exploration‹ aktiviert werden. Ohne sichere, emotionale Bindung ist keine offene uneingeschränkte Exploration möglich« (Brisch 2007, S. 137).

Jedoch endet der Einfluss dieser sicheren Beziehungsbasis keineswegs mit dem Abschluss der Kindheit. Dieser Aspekt ist für die Resilienzforschung ebenfalls von großer Bedeutung: In den klassischen Resilienzstudien liegt das Lebensalter der untersuchten Gruppen meist in der Kindheit.

Dennoch interessiert sich die neuere die Resilienzforschung im Kontext der aktuellen Krisen zunehmend auch für Beiträge zur psychischen Widerstandsfähigkeit von erwachsenen Personen (vgl. Leipold 2015, S. 14 f.). Auch hierfür bilden die bisherigen Ergebnisse der Bindungsforschung eine zentrale Grundlage:

> »Vergessen im Sinne von ausgelöscht werden frühere Bindungserfahrungen aber nicht; sie bleiben zeitlebens Teil der dem Bewusstsein nicht unbedingt zugänglichen Erfahrungsgeschichte eines jeden Menschen. Es zeigen sich später auf der mentalen Ebene Verhaltensweisen und Denkmuster, die dem unmittelbaren beobachtbaren Verhalten der Kleinkinder ähnlich oder vergleichbar (analog) sind. Im Falle unsicherer Bindungen zeigen sich bindungsbedingte Beeinträchtigungen auch im mentalen Umgang mit kritischen Situationen, vor allem (aber nicht nur) beim Umgang mit bedrohlichen, verunsichernden Gefühlen« (Grossman u. Grossmann 2007, S. 282).

Dieser Einfluss der frühen Bindungserfahrungen schlägt sich in der Entwicklung eines individuell unterschiedlichen sog. »inneren Arbeitsmodells« von Bindung nieder, auf dessen Basis die zukünftigen

Beziehungserfahrungen unbewusst inszeniert, gestaltet und kategorisiert werden (vgl. ebd., S. 292 f.).

> »Mit Hilfe dieses Arbeitsmodells versucht das Kind [unbewusst, Anm. d. A.], spätere soziale Beziehungen nach dem Muster der frühen Bindungserfahrung zu verwirklichen. Das ›inner working model‹ als mentale Repräsentation spielt eine aktive Rolle in der Leitung und Determination von Verhaltensweisen« (Seiffge-Krenke 2003, S. 214).

Eine schöne Metapher für diesen Zusammenhang liefern Grossmann und Grossmann:

> »Es gibt gute Gründe dafür anzunehmen, dass die späteren Gedanken des erwachsen werdenden Kindes ähnlich laufen wie die Beinchen der Kleinkinder in der fremden Situation« (Grossmann u. Grossmann 2007, S. 284).

Kritisch muss jedoch angemerkt werden, dass die mittlerweile gerade in Kreisen sog. »Helikoptereltern« schon gebetsmühlenartig wiederholte Grundannahme der Bindungstheorie (wonach eine sichere Bindung zu *einer Bezugsperson* – meist ist es die Mutter – die häufigste und *beste Bindungsbeziehung* darstellt) nicht als universell gelten kann: Es ist vielmehr davon auszugehen, dass eigentlich nur ein kleiner Teil der Welt (ca. 5 % der Weltbevölkerung) die zentralen Annahmen der Bindungstheorie teilt. In vielen kollektivistischen Kulturen liegen die Erziehung und Entwicklung des Kindes vielmehr in der gemeinsamen Verantwortung einer Gemeinschaft (vgl. Gernhardt 2017).

Sichere Bindung in Afrika

»In einigen sub-saharischen Jäger-und-Sammler-Ethnien, wie den Aka und den Efe, werden vier Monate alte Kinder im Schnitt von sieben bis acht verschiedenen Personen pro Stunde getragen und zeigen gegenüber sechs Personen Bindungsverhalten. Eine besondere Bedeutung kommt hier den älteren Geschwistern zu. Die im ländlichen Kamerun lebenden Nso sehen das Konzept der ›responsiven Kontrolle‹ als optimales Elternverhalten an. Nach diesem Konzept folgen die Bezugspersonen nicht den Initiativen des Kindes, sondern strukturieren und kontrollieren bei ständigem Körperkontakt die Interaktion des Kindes. Auf diese Weise erfahren die Kinder die Einbindung in ihre Gemeinschaft, erleben Vertrauen und empfinden Sicherheit. Damit lernen sie früh ihre Rolle in der Gemeinschaft und die bestehenden

Hierarchien kennen. Anstatt zu unabhängigen Individuen zu werden, ist das wesentliche Ziel der Nso-Eltern, dass ihre Kinder zu gehorsamen und verantwortungsbewussten Mitgliedern der Gemeinschaft werden. Wünschenswert ist ein emotional ausdrucksloses Kind, das sich ohne großen Aufwand von verschiedenen Personen betreuen lässt. Dagegen wäre so ein Verhalten des Kindes in der Bindungstheorie als nicht optimal eingestuft worden. Die Bindungstheorie entspricht daher nur einem Ansatz, der aus der Beobachtung von Mutter-Kind-Interaktionen in westlichen städtischen Mittelschichtmilieus abgeleitet wurde« (ebd., S. 163 ff.).

Vom Bindungsstil zur Beziehungsgestaltung

Bei Erwachsenen lassen sich aus ihren Narrativen durchaus Rückschlüsse auf Bindungsstile interpretieren. Man spricht bei ihnen jedoch eher von »Beziehungsgestaltung« als vom »Bindungsstil«.

Unsere Fallstudien zum Thema Konflikte (s. Kap. 2) lassen sich teilweise im Subtext auch als Informationen zur Beziehungsgestaltung der Konfliktbeteiligten lesen und interpretieren. Daher hat etwa die systemische Unterscheidungsfrage, ob jemand eher kooperieren oder nicht kooperieren kann und will, eine weitreichende Interventionswirkung:

Fortsetzung: **Grenzüberschreitung und Selbstschädigung**

Die Geschäftsleitung eines Verbandes hat seit Beginn des Arbeitsverhältnisses mit einer Mitarbeiterin massive Probleme. Im Coaching konnte reflektiert werden, was hier schiefgelaufen ist. Dabei zeigten sich strukturell folgende Befunde: Organisationskulturell handelt es sich um einen Verband, der an der Basis sehr partizipativ arbeitet. Dieses Partizipationsprinzip zeigt sich auch in der Geschäftsstelle: Probleme jeder Art werden von der Geschäftsführung erst einmal mit allen aus dem Team ausführlich besprochen. Dies funktioniert so lange, wie alle kooperieren können und wollen, kollabiert jedoch, sobald eine Person nicht kooperieren kann oder will, wie besagte Mitarbeiterin.

Die Beziehungsgestaltung der Mitarbeiterin lässt sich positiv formuliert als hochgradig selbstorganisiert beschreiben, in der Sprache der Bindungsforschung würden wir hier jedoch eher einen *unsicher-verstrickten* Bindungsstil vermuten.

Dieser zeigt sich immer wieder in einer inszenierten Umkehr von Rollen und Sachverhalten, wobei sie die Chefin zur Angestellten werden lässt und diese keinen Widerstand zeigt. Auch ließen sich Vorgesetzte und Teammitglieder regelmäßig von der Mitarbeiterin beschimpfen und reagierten mit Vermeidungsverhalten darauf. Arbeitsmäßige Alleingänge, die sie ohne Absprache und Rückmeldung an die Vorgesetzte oder das Team durchführte (und durchführen konnte, ohne dass jemand stark interveniert hätte), waren an der Tagesordnung, Teamarbeit fand nicht statt. Dabei kam es auch zu arbeitsrechtlich relevanten Schädigungen des Arbeitgebers durch falsche Dokumentation der Arbeitszeiten sowie Unterschlagung von Finanzen, was allerdings lange Zeit nicht auffiel, da kein systematisches Controlling stattfand.

Die Geschäftsleitung hielt über Jahre hinweg trotz des extrem unkooperativen Verhaltens der Mitarbeiterin an einem freundlichen und partizipativen Führungsstil fest, da sie von dem Glauben an einen solchen Führungsstil bis dahin geradezu beseelt erschien.

Nachdem die Mitarbeiterin mehrere Anläufe zu einer Mediation ausgeschlagen hatte, kam es doch noch zu einer gemeinsamen Sitzung:

Die Mitarbeiterin erschien ohne vorherige Information mit einer weiteren Person, die sie zu ihrer Unterstützung eingeladen hatte. Das verzögerte den Start der Mediationssitzung erheblich. Es musste erst noch geklärt werden, welche Funktion die weitere Person haben sollte und was eine Mediation eigentlich ist und leisten kann. (Erstaunlich, wie schnell sich auch die Mediatorin in dieses Muster hat verstricken lassen!) Die Mitarbeiterin konnte sich gleich zu Beginn *eine Stunde lang* den kommunikativen Raum nehmen, um ihre Sicht der Dinge darzustellen. Dabei rechtfertigte sie ihr Handeln ohne Einsicht.

Anschließend konnte die Vorgesetzte ihre Themen *kurz und knapp* einbringen. Dabei beschrieb sie ihre Wahrnehmung, dass die Mitarbeiterin ihre Probleme zu den Problemen anderer mache, über Bande spiele, ihre Grenzen nicht erkenne und durch ihr illoyales Verhalten zu einer Dysfunktion des Geschäftsbereiches beitrage.

Damit konnte oder wollte diese nichts anfangen, sodass die Chefin weitere exemplarische konflikthafte Situationen aus der Vergangenheit beschrieb. Dies führte dazu, dass die Mitarbeiterin darüber überhaupt nicht mehr sprechen wollte, weil ihr dies »zu weit« in der Vergangenheit liege. Darauf stellte sie ihre Überlegung, das Arbeitsverhältnis zu beenden, in den Raum, konkretisierte dies aber nicht weiter.

Die Mediatorin hatte wohl die Sinnlosigkeit dieser Beratung unterdessen erkannt und fragte wiederholt, ob und wann sie sich hier entscheiden würde. Eine konkrete Rückmeldung blieb aus. Als Ergebnis wurde festgehalten, dass in einigen Wochen eine weitere (letzte?) Mediation stattfinden solle, bis dahin solle die Mitarbeiterin sich entschieden haben, ob sie gehen oder bleiben wolle. (Eine Kündigung wurde ihr seitens des Arbeitgebers offenbar nicht angedroht.) In der Abschlussrunde konnte die Vorgesetzte noch mal formulieren, dass die Mitarbeiterin sich entscheiden müsse zwischen Kooperieren oder Dominieren, wobei Dominieren aber eine Trennung bedeuten würde. Auch hierzu konnte oder wollte die Mitarbeiterin sich nicht äußern. Abschließend kam dann die Sache mit einer weiteren Kompetenzüberschreitung und finanziellen Schädigung des Arbeitsgebers zur Sprache, zu der sich die Mitarbeiterin von der Mediatorin gerne beraten lassen wollte ...

Die Sache endete nach weiteren Mediationssitzungen mit der Kündigung der Mitarbeiterin.

Hier stellt sich die Frage, ob möglicherweise mehr Kenntnisse über die Gestaltung zwischenmenschlicher (Bindungs-)Beziehungen einen Unterschied hätte ausmachen können. Man muss kein:e Expert:in für Bindungsforschung sein, um zu erkennen, dass in diesem Fallbeispiel von der Beziehungsgestaltung her etwas gründlich daneben ging.

In solchen Fällen können wir uns mit einer einfachen, typisch systemisch-lösungsorientierten Unterscheidung zweier möglicher Gestaltungsmuster zwischenmenschlicher Beziehungen behelfen: nämlich konstruktiv vs. nicht konstruktiv (s. Abb. 20).[12]

Diese Unterscheidung ist natürlich immer kontextabhängig zu treffen, sie bietet aber einen guten Kompass zur groben Differenzierung, ob eine Beziehungsgestaltung eher wertschätzend und kooperativ oder eben das Gegenteil ist. Eine tendenziell konstruktive Gestaltung ist analog den Befunden aus der Bindungsforschung von Empathie, Einfühlungsvermögen und Wertschätzung gekennzeichnet. Dies bedeutet nicht, dass wir inhaltlich allem zustimmen, was

12 Diese Intervention verdanken wir der Traumatherapeutin Helene Dellucci aus Genf.

andere sagen oder wollen, sondern lediglich, dass wir die Fähigkeit aktivieren können, uns freundlich zuzuwenden.

Kommunikationsmuster sollten über längere Zeit beobachtet werden, denn im Fall erhöhten Stress-Erlebens versiegt die menschliche Fähigkeit zur Empathie und damit auch zur Wertschätzung, da beides früher zur Überlebenssicherung nicht nötig war (heute hingegen schon). Wie wir wissen, funktioniert unser Gehirn heute noch ähnlich wie in der Steinzeit, wenn wir es nicht entsprechend anders nutzen. Eine Möglichkeit dazu bildet in diesem Fall die kritische Analyse der Beziehungs- und Kommunikationsstrukturen, in die wir andere einladen oder selbst verstrickt sind.

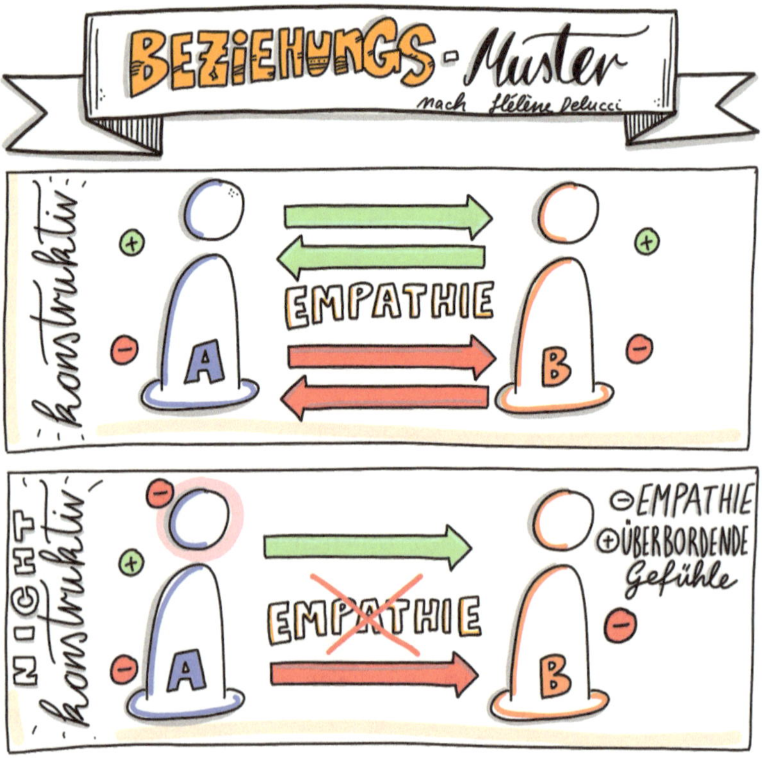

Abb. 20: Konstruktive vs. nicht konstruktive Beziehung

In der Arbeitswelt kann gerade im Zusammenhang mit Krisen und Konflikten ein selbstreflexiver Blick von Führungskräften und Teammitgliedern auf den eigenen Bindungsstil oder besser die eigene Beziehungsgestaltung helfen, eine konstruktive Zusammenarbeit zu generieren. Das Wissen über die Bedeutung von Bindung könnte helfen, unnötige Konfliktinszenierungen in Organisationen zu vermeiden und für ein konstruktives Arbeitsklima auf der Beziehungsebene besonders belasteter Berufsgruppen zu werben. Und: Es ist (fast) nie zu spät, eine sichere Bindungsbeziehung oder wenigstens Aspekte einer konstruktiven Beziehung aufzubauen. Ein erster Schritt kann zum Beispiel in der Reflexion des eigenen Bindungsstils oder der eigenen Beziehungsgestaltung beispielsweise im Coaching oder in der Führungskräfte-Entwicklung liegen.

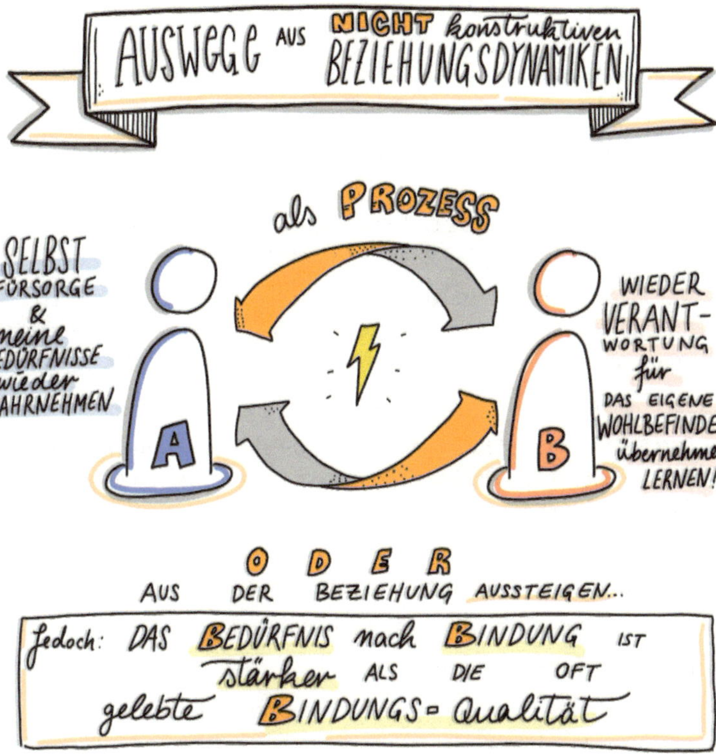

Abb. 21: Auswege aus nichtkonstruktiven Beziehungsdynamiken

Hier zeigt sich, wie es (zumindest theoretisch) möglich ist, aus wenig wertschätzenden, dysfunktionalen, verstrickten Beziehungsdynamiken auszusteigen: Der Weg führt über das Erlernen der Wahrnehmung eigener Bedürfnisse und der Selbstfürsorge zur Übernahme von Verantwortung für das eigene Wohlbefinden und entspricht damit ganz der Resilienzkonzeption (s. Abb. 21). In der Arbeitswelt ist dies deutlich einfacher als in der Familie, auch wenn manche Führungskräfte nicht daran glauben. Im obigen Fallbeispiel hätte die Geschäftsleitung zum Beispiel schon sehr viel früher das unangemessene, wenig respektvolle Kommunikationsverhalten der entsprechenden Mitarbeiterin ansprechen und stoppen – oder es zumindest versuchen – können.

Von der Forschung in die Praxis: Wie äußert sich Resilienz konkret?

Zusammenfassend lassen sich drei Arten von Resilienzphänomenen unterscheiden:

- Risikopersonen entwickeln sich besser, als es den Umständen nach zu erwarten wäre.
- Trotz massiver Belastungen kann eine günstige Balance im Sinne einer Anpassung an die Situation beibehalten werden.
- Nach traumatischen Ereignissen und Krisen (wie dem Tod naher Angehöriger, Gewalt oder Kriegserlebnissen) tritt eine erfolgreiche und schnelle Genesung ein (vgl. Short u. Weinspach 2007, S. 30).

Dabei helfen:

- Persönlichkeitsstrukturen, die schon im Babyalter Aufmerksamkeit und soziale Unterstützung durch externe Bezugspersonen erleichtern. Leider können wir uns diese nicht aussuchen.
- die Fähigkeit, Selbstvertrauen, Erfahrungen von Selbstwirksamkeit und ein positives Selbstwertgefühl zu entwickeln
- Möglichkeiten, Problemlösefähigkeiten zu trainieren
- hohe Sozialkompetenz sowie
- Coping-Strategien als Fähigkeit, soziale Unterstützung zu mobilisieren (ebd., S. 31).

Beobachtungen resilienter Menschen haben gezeigt, dass diese insbesondere aus ihrer *inneren Haltung* die Kraft schöpfen, gleichermaßen beweglich und widerständig auf beeinträchtigende Situationen zu reagieren. Dabei gibt es eine Fülle von Tools, mit denen sich diese Prozesse anregen lassen. Hier zunächst ein Instrument, das ursprünglich in der Arbeit mit benachteiligten Kindern in den Niederlanden entwickelt wurde, die Methode »Drei Quellen der Resilienz« (Grotberg 2011).

Drei Quellen der Resilienz für belastete Teams

Die Methode (s. Abb. 22) eignet sich u. a. gut, um mit belasteten und vulnerablen Führungskräften und Teams zu arbeiten und ihre Selbstwirksamkeit zu stärken. Häufig dominieren bei vulnerablen Berufsgruppen neben den strukturellen Problemen wie Fachkräftemangel, Fluktuation und *Bad governance* durch überforderte Leitungskräfte ein hohes Stressniveau, chronifizierte Konflikte und negative Stimmung mit vielen (durchaus nachvollziehbaren) Klagen – wie das folgende Fallbeispiel zeigt – das Teamgeschehen.

Keine Resilienz im Kita-Seminar

Eine durch strukturelle Veränderungen besonders belastete KITA hatte sich entschieden, an einem von einer Krankenkasse im Rahmen des Präventionsgesetzes geförderten Seminar teilzunehmen, bei dem es um die Bewältigung von stresserzeugenden, schwierigen Situationen im Umgang miteinander und mit den Eltern geht. Gleich zu Beginn wurde klar, dass seitens der Teilnehmenden die generelle Lust und das Interesse am Seminar nicht sehr groß waren. Dem Trainer begegnete schnell eine fast feindselige Ablehnung. Beispielhafte Aussagen bezogen sich auf das (vermeintlich) fehlende Ziel des Seminars sowie dessen Redundanz nach dem Motto: Zu diesem Thema hatten wir schon zahllose Seminare und Fortbildungen, das kennen wir alles schon! Außerdem kam zur Sprache, dass die Teilnehmer:innen das Gefühl hatten, die Entscheidung für dieses Seminar sei über ihren Kopf hinweg getroffen worden. Der Trainer versuchte, die Wogen zu glätten, indem er seinen Auftrag und den Projektkontext erklärte.

Nach diesen ersten Stolpersteinen schien die Stimmung wieder relativ friedlich und eine Kooperation möglich. Nachdem der Trainer das Programm für das zweitägige Seminar erläutert hatte, lud er zu einer ersten Runde ein, in der alle Teilnehmer:innen ihre eigenen Wünsche und Anliegen für das Seminar formulieren konnten. Auch hier wurde schnell ersichtlich, dass in der Gruppe tendenziell kein wirkliches Interesse vorhanden war. Nur durch die beherzten Versuche der stellvertretenden Leitung, eine Diskussion über Wünsche und Anliegen anzuregen, entwickelte sich eine Gruppendiskussion, in deren Folge sich immerhin drei zu bearbeitende Fallsituationen ergaben.

Die Stimmung blieb den restlichen Seminarverlauf über tendenziell changierend zwischen konstruktiven und immer wieder aufscheinenden nichtkonstruktiven, aggressiven Phasen. Eine Reflexion dieses Eindrucks mit der Gruppe ergab, dass es im Team seit Jahren tiefgreifende Probleme und ungelöste Konflikte gibt, die zwar mithilfe von Supervision und verschiedenen Beratungsformaten in Angriff genommen wurden, was jedoch bisher zu keiner grundlegenden Veränderung geführt hatte. Der Trainer wies die Gruppe darauf hin, dass ein solcher Zustand der eigenen Resilienz und Gesundheit nicht zuträglich sei.

Die in den Kleingruppen bearbeiteten Fälle hatten gemeinsam, dass sie mit mehr Kooperation und Austausch innerhalb des Teams

Abb. 22: Drei Quellen der Resilienz

sowie klar definierten Regeln zur Gesprächsführung möglicherweise gar nicht erst zustande gekommen wären, also in hohem Maße »hausgemacht« waren. Dies stand im Widerspruch zu der mehrfach geäußerten Selbsteinschätzung der Gruppe, wonach sie glaubte, durch viele Fortbildungen genau zu wissen, wie man z. B. schwierige Elterngespräche führt. Gleichzeitig wurde dies als Hinweis auf ein offenbar chronisch erhöhtes Stresslevel in dieser Einrichtung interpretiert, was unangemessenes Kommunikationsverhalten, Fehlleistungen und wenig Zugang zu den kognitiven Kompetenzen aller Beteiligten nach sich zog.

Nach Einschätzung des Trainers fehlten neben einer klaren Führung auch hier klare Regeln zum Umgang miteinander und mit den Eltern. Auch fiel die tendenziell niedrige Aggressionsschwelle im Team auf, sowohl dem externen Trainer gegenüber als auch untereinander, und ein respektloser Umgang den Eltern gegenüber.

Unter der Rubrik *Ich habe* können alle diejenigen Ressourcen gesammelt werden, auf die die Person/Gruppe zugreifen kann, um eine Stärkung zu erfahren, z. B. in der Gestaltung der Rolle, bei der Bewältigung von Problemen, beim Gewinnen von Klarheit und Transparenz u. v. m.

Ich habe

- ein unterstützendes Team
- eine Chefi:n, die mir/uns hilft, wenn es eng wird
- einen schönen Pausenraum
- Menschen, die für mich da sind, wenn es mir schlecht geht usw.

Mit *Ich bin* wird der Blick auf die eigenen Ressourcen und Stärken der Persönlichkeit gerichtet:

Ich bin

- jemand, den/die man mögen und schätzen kann
- gerne bereit, zu anderen freundlich zu sein und zu zeigen, dass sie mir wichtig sind
- mir und anderen gegenüber rücksichtsvoll
- bereit, für das, was ich tue, Verantwortung zu übernehmen
- sicher, dass ich die Zukunft mitgestalten kann usw.

Die Rubrik *Ich kann* fokussiert und stärkt besonders die Selbstwirksamkeit und ist daher besonders wichtig, um die Opferperspektive zu überwinden.

Ich kann

- mit anderen Menschen/im Team/mit meiner Chef:in über Dinge reden, die mich stören/überfordern/beängstigen usw.
- Lösungen für meine Probleme finden
- anderen zuhören und mich zurücknehmen, wenn es nötig ist
- mich einbringen, wenn ich den Eindruck habe, dass es nötig ist
- Hilfe von anderen erbitten und annehmen usw.

(eigene Bearbeitung nach Grotberg 2011, S. 55)

Mit dem Schema *Drei Quellen der Resilienz* kann ein Perspektivwechsel mit den Beteiligten zumindest versucht werden. Ob er gelingt, hängt nicht zuletzt von der Bereitschaft der Gruppe ab, sich auf eine konstruktive Beziehungsgestaltung mit einer Berater:in einzulassen. Sofern eine Führungskraft, Gruppe oder ein Team sich also auf die Arbeit an der eigenen Resilienz einlassen kann und will und vielleicht bisher vorgefallene schädigende Ereignisse überwinden möchte, könnte dies mit den *Drei Quellen der Resilienz* so aussehen: Wir arbeiten immer mit den drei Rubriken *Ich habe, Ich bin* und *Ich kann* und lassen im Sinne eines Brainstormings alle Beteiligten zu jeder Rubrik etwas beitragen.

Der Resilienzkreislauf

Der Resilienzkreislauf (s. Abb. 23) ist ein Klassiker in der Arbeit zur Selbstreflexion über das aktuelle Thema und bietet viele Einsatzmöglichkeiten in Coaching und Beratung gerade mit besonders vulnerablen Berufsgruppen – wie medizinischem und pflegerischem Fachpersonal oder Erzieher:innen –, die in der Selbstfürsorge häufig einen Nachholbedarf haben.

Optimismus

Mit Optimismus meinen wir den Glauben resilienter Menschen daran, dass auch die schwierigste Situation begrenzt ist und einmal aufhören wird – vielleicht nach dem Motto Steve de Shazers:

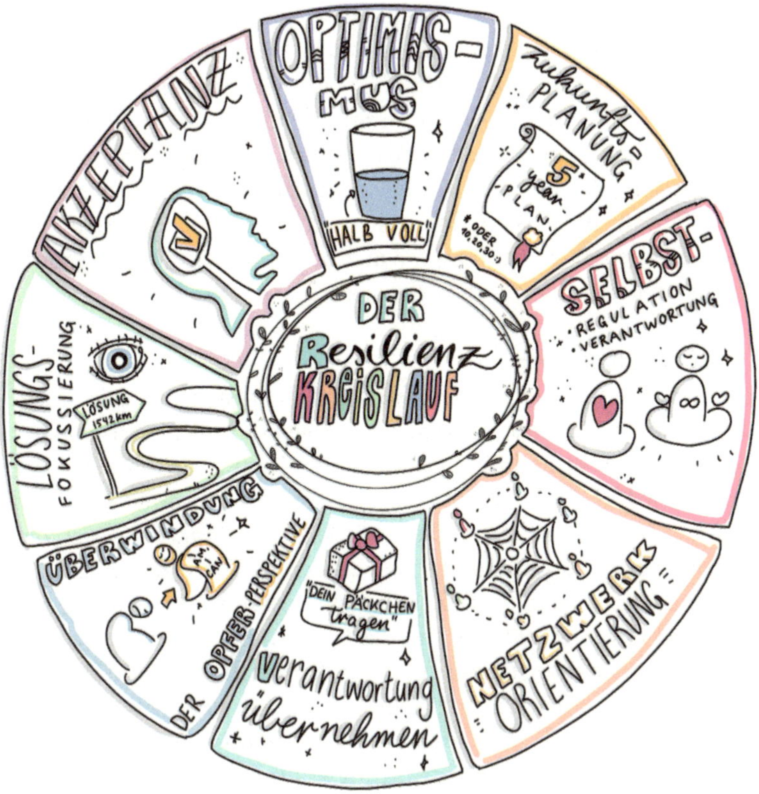

Abb. 23: Der Resilienzkreislauf

»Kein Mensch hat 24 Stunden am Tag nur Symptome.« Es muss auch Ausnahmen geben, und seien sie noch so kurz. Nach einer Krise kann es zwar möglicherweise noch schwieriger werden, aber danach geht es bestimmt bergauf. Auch wenn es dieses Mal noch nicht geklappt hat, so die resiliente Grundhaltung, dann klappt es bestimmt beim nächsten Anlauf. Optimismus ist letztlich für alle Arten menschlicher Lernprozesse unerlässlich, denn Lernprozesse sind ja häufig sehr langwierig und von vielen Rückschlägen begleitet.

Akzeptanz

Menschen neigen dazu, unangenehme Situationen nicht wahrhaben zu wollen oder sie zu verleugnen. Auch wenn sie dadurch nicht erträglicher werden, schaffen sich resiliente Menschen bestimmte

Kraftquellen, die ihnen helfen, eine unerwünschte und unerträgliche Situation besser durchzustehen. Solche Kraftquellen können beispielsweise Religionen, Spiritualität und Glaube sein. Bei Kindern kann das (Er-)Finden solcher Kraftquellen eine wichtige Strategie bei der Suche nach neuen Verhaltensmustern darstellen. Akzeptanz bedeutet nicht, Dinge gutzuheißen, die nicht gutzuheißen sind – wie etwa Gewalt und Missbrauch –, sondern Akzeptanz als Haltung für Resilienz bedeutet, die Dinge so anzunehmen, wie sie sich momentan darstellen, ohne sie zu verleugnen.

Lösungsfokussierung

Resiliente Menschen können durchaus auch Klagende sein. Klagen hat für uns eine wichtige psychisch entlastende Funktion. Der »Dreh« der Gedanken in Richtung Lösungsorientierung lenkt die Aufmerksamkeit jedoch weg von der beklagenswerten Gegenwart hin auf die bessere Zukunft und lenkt die Energie zu der Frage, wie sich diese optimal gestalten und die Zeit bis dahin gut überbrücken lässt. Damit in Zusammenhang steht auch das Verlassen der Opferrolle (»Mit mir wird etwas gemacht«) und die Übernahme von Verantwortung (»Wofür bin ich zuständig und was kann ich eigenverantwortlich gestalten?«). In kritischen Lebenssituationen sinkt das Selbstwertgefühl häufig stark ab. Durch die Fokussierung auf Lösungen und das Übernehmen von Verantwortung kommt es zu einer viel aktiveren Haltung, die mit einer Steigerung des Selbstwertgefühls einhergeht.

Überwindung der Opferperspektive

Opferperspektive bedeutet, nicht handlungsfähig sein zu können. Diese Vorstellung ist insbesondere in der westlichen Welt mit ihrer Überbetonung von Individualität und Gestaltungsspielräumen kulturell tief verankert. Resiliente Menschen trainieren die Fähigkeit, sich aus ihrer Opferrolle herauszuentwickeln. Sie schätzen die Situation realistisch ein und sehen u. U. auch ihre eigene Beteiligung an der Krise. Es ist ihnen bewusst, dass es äußere Umstände gibt, auf die sie keinen Einfluss haben. Daher konzentrieren sie sich auch auf das, was sie verändern können, und dies trägt letztlich wieder zu ihrer Selbstwirksamkeit bei, d. h., ihre Fähigkeiten und Stärken werden aktiviert (Wolter 2005). Aus der Traumaarbeit wissen wir, wie mühsam und kleinschrittig dieser Weg sein kann.

Verantwortung übernehmen

Verantwortung für sich und sein Leben zu übernehmen gehört zum resilienten Verhalten. Bei jeder Entscheidung, die wir treffen, liegt es in unserer Verantwortung, auch bereit zu sein, die damit verbundenen Konsequenzen zu tragen. Dazu zählt auch eine gewisse Reife, sich bezüglich einer getroffenen Entscheidung zu positionieren und diese auch zu verteidigen (ebd.).

Netzwerkorientierung

Besonders nach traumatischen Ereignissen und bei psychischer Erkrankung hat es sich gezeigt, dass Menschen bessere Chancen auf seelische Heilung haben, wenn sie damit nicht alleine bleiben, sondern Unterstützung und soziale Wärme erfahren. Nötig sind dazu (professionelle) Begleitpersonen, die empathisch und feinfühlig beistehen sowie heikle Situationen angemessen begleiten können, ohne zu beschönigen oder zu dramatisieren (vgl. von Schlippe u. Grabbe 2007).

Zukunftsplanung

Resiliente Menschen zeichnen sich durch Zielorientierung aus und beziehen gleichzeitig das Wechselgefälle des Lebens mit ein. Sie lassen sich nicht durch negative Wendepunkte im Leben (wie zum Beispiel Tod eines Angehörigen, Berufswechsel) oder aber auch positive Lebensereignisse (wie die Geburt eines Kindes oder die Hochzeit) aus dem Gleichgewicht bringen. Sie wissen, dass das Leben aus Berg- und Talfahrten besteht, und rüsten sich im Vorfeld schon auf etwaige Pannen aus. Darüber hinaus lernen resiliente Persönlichkeiten aus ihren Erfahrungen, und dies ermöglicht ihnen, zukünftige Situationen besser zu lösen (Wolter 2005).

All diese Aspekte des Resilienzkreislaufs können wir unseren Klient:innen erläutern und sie bitten zu erforschen, welche davon sie bisher schon bei der Bewältigung schwieriger Situationen praktiziert haben und welche noch ausbaufähig wären.

Biografische Krisenbewältigung und Resilienz

In vielen Biografien von Führungskräften und Familienunternehmer:innen finden wir bei genauem Hinhören Aspekte von Resilienz als Krisenbewältigung in der Form, dass die Haltung von »Stehauffiguren« es erst ermöglichte, dass die Unternehmen und Unternehmer:innen Krisen verschiedenster Art erfolgreich gemeistert und bewältigt haben. In der amerikanischen Einwanderungskultur hat sich dieses Phänomen im Mythos vom »Tellerwäscher zum Millionär« niedergeschlagen. Der 2009 ins Amt eingeführte messianische US-Präsident und Einwanderersohn Barack Obama hat diese Haltung mit der Formel »Yes, we can« zu aktueller Berühmtheit gebracht. Exemplarisch für die Resilienz in Familienunternehmen wird im Folgenden eine eher deutsche Variante betrachtet:

Familienunternehmer Claus Hipp

Der Babynahrungs-Hersteller Claus Hipp, der das Familienunternehmen Hipp in der dritten Generation geleitet hat, ist gleichzeitig Musiker und Maler. Er berichtet in einer Radiosendung über die »Erfolgsgeheimnisse« bei der Krisenbewältigung seiner Familie:

HR-Info: [...] eigentlich ist Hipp ja ein Unternehmen, das aus der Not heraus geboren wurde.

Claus Hipp: Mein Großvater kam aus einer kinderreichen Familie, es waren zehn Kinder, und nur zwei haben das erste Lebensjahr überlebt. Und bei der Großmutter waren es 14 Kinder und zehn sind gestorben im ersten Lebensjahr. Der Großvater war ein Lebzelter, das ist ein ganz altes Handwerk. Der hat die Produkte der Bienen verarbeitet zu Honig, eben zu Lebkuchen und Met [...]. Und die Großeltern hatten acht Kinder, das Zweite waren Zwillinge, und da war das Stillen problematisch. Und dann hat er eben einen Zwieback gebacken, der fein vermahlen mit Milch und Wasser eine gute Babynahrung ergeben hat.

HR-Info: Die Zwillinge haben überlebt, also hatte er Erfolg?

Claus Hipp: Ja, das ist sehr gut gewesen, die Nachbarn haben es gekauft. Unsere älteste Kundin aus dieser Zeit, das ist eine Tante von mir, die ist jetzt 94, die lebt noch alleine und kocht für sich selbst. Es war schon eine gute Hilfe, die damals die Ernährungsprobleme gemeistert hat.

HR-Info: In Ihrer Familie hat man das gemacht. Ihr Großvater hat das dann aber auch Kunden angeboten. Ich stelle mir das gar nicht so einfach vor, das war ja in einer Zeit, da kannte man ja so was noch gar nicht wie Babynahrung. Da war es selbstverständlich, dass Kinder gestillt wurden.

Claus Hipp: Der Großvater hat das im lokalen Bereich gemacht, und der Vater hat sich schon mit 16, 17 auf die Reise gemacht in die

Stadt München und hat versucht, das zu verkaufen. Aber ein junger Mensch hat natürlich Probleme, so was glaubwürdig zu verkaufen. Er ist dann in jedes Geschäft gegangen, ob Schreiner oder Schmied, um sich zu üben, um sich eben auch abzuhärten. Denn meistens ist er wieder verabschiedet worden, ohne etwas zu verkaufen. Aber ein paar Aufträge hat er bekommen und dann ist er nach Hause mit dem Zug und dann ist das hergestellt worden und mit einem Schubkarren zum Bahnhof gebracht und verschickt worden. Das waren die Anfänge [...]. Und dann hat er Erbverzicht geleistet seinen Geschwistern gegenüber und hat sich selbstständig gemacht.

HR-Info: Und wie ist es ihm dann gelungen, aus diesem sehr handwerklichen Bereich wirklich ein großes Unternehmen zu machen?

Claus Hipp: Das war sicher eine schwierige Zeit. Dann kam der Krieg. Unsere Familie war gegen das Nazi-Regime ganz stark, und er hat dann auch Probleme bekommen. Ist dann von der Kleinstadt nach München, um dort besser untertauchen zu können. Aber Stück für Stück ist das Unternehmen gewachsen. Rückschläge hat es natürlich auch gegeben, ganz schlimme. Manchmal war die Situation, dass er gar nicht mehr gewusst hat, wie es weitergeht. Dass die Mitarbeiter gesagt haben, sie verzichten auf Lohn, um die Firma am Leben zu halten. Aber dann ist es doch immer wieder gut weitergegangen.

HR-Info: Was hat denn die Firma damals ausgezeichnet? War es schon das, darauf zu achten, woher die Lebensmittel kommen und wie sie verarbeitet sind?

Claus Hipp: Mein Vater hat ja das Handwerk gelernt, Lebzelter und Konditor, und der Großvater hat ihm von Anfang an ein ganz starkes Qualitätsbewusstsein beigebracht. [...]

HR-Info: Sie haben die Firma dann Ende der Sechzigerjahre übernommen von Ihrem Vater. Sie waren damals gerade mal 29 Jahre alt, hatten Ihr Jura-Studium gerade abgeschlossen und waren drei Jahre im Betrieb. War das damals nicht sehr schwierig?

Claus Hipp: Eigentlich nicht, denn wir haben zu Hause immer über das Geschäft gesprochen. Ich war mit den Problemen vertraut, ich kannte mich aus, und mein Vater hat mich sehr gut vorbereitet, und ich hab das eigentlich ... Ja, gut, ein gewisser Schock war schon, wie der Vater gestorben war, aber ich hab nie Probleme gehabt, Entscheidungen zu treffen, und ich habe nie Probleme mit Mitarbeiterinnen und Mitarbeitern gehabt. Natürlich sind die Konkurrenten dann gekommen, und wollten alle die Firma kaufen, weil sie gedacht haben, so einem jungen Menschen können wir das nicht abschwatzen, aber da war keine Versuchung für mich gewesen.

HR-Info: Und auch so von den Mitarbeitern, ging das so nahtlos über vom Vater auf den Sohn?

Claus Hipp: Es war so, der Vater hat einen Herzanfall gehabt, hat aber vorher noch so einen Abschiedsbrief an alle geschrieben, [...] und dann hab ich den Brief vorgelesen mit zittriger und wackliger Stimme. Und die Mitarbeiter waren so zerknirscht und traurig, dass ich der mit den ruhigsten Nerven war. [...]

HR-Info: Ich könnte mir aber gut vorstellen, dass es damals gar nicht so einfach war, die Landwirte wirklich dann auch von dieser Art der Produktion zu überzeugen, denn damals hat ja niemand von ökologischem Landbau überhaupt nur gesprochen.

Claus Hipp: Es war sehr schwierig, denn die Bauern waren dagegen; die offizielle Landwirtschaft war dagegen, die Regierung war dagegen, die Wissenschaft, die Großindustrie. Es hat schon viele Gegner gegeben, und wir haben es trotzdem gemacht. In ganz kleinem Rahmen natürlich. Und erst viele Jahre später war dann die Zeit reif, und die Verbraucher haben Wert darauf gelegt, wie eben die Rohstoffe wachsen, die dann zu Babynahrung verarbeitet werden.

HR-Info: Da brauchte man schon ganz schön viel Durchsetzungskraft und Durchhaltevermögen.

Claus Hipp: Sicher ist es nötig, überzeugt zu sein, aber aus der Überzeugung heraus das Richtige zu machen, daher kommt dann auch die Stärke, es weiterzumachen und nicht aufzugeben. [...] Vielleicht auch so die Erfahrung, die ich in der Malerei erfahre – ich habe die Freiheit, Dinge anders zu machen.[13] Das wiederum, könnte ich mir gut vorstellen, gibt dann auch die Freiheit, vielleicht auch im unternehmerischen Bereich zu sagen, ich gehe mal den Weg, der nicht ganz der konventionelle ist. Sicher, wenn ich unternehmerische Tätigkeiten nur kopiere, nachmache, dann gibt's keinen Erfolg. Ich muss auch da neue Wege gehen und prüfen, ob's gute Wege sind, und dann eben auch das Durchhaltevermögen haben, auf so einem Weg zu bleiben.[14]

13 Claus Hipp ist im »Nebenberuf« Künstler, er arbeitet als Maler und Musiker.

14 Interview mit Claus Hipp (2008): Familienunternehmen Hipp. HR-Info Gespräch. Verfügbar unter: http://d621461110.l.ipx.core002.streamfarm.net/17000hr/ondemand/3435hronline/mp3/podcast/hr-info_gespraech/hr-info_gespraech_20081220.mp3?tl=html [23.12.2008].

Diese Geschichte von familienunternehmerischer Resilienz fokussiert mehr auf die Herausforderungen und Rückschläge, mit denen die Hipps fertigwerden mussten. Wie wir an diesem Beispiel sehen, bedeutet Resilienz im Kontext eines Familienunternehmens etwas anderes als im rein familiären Kontext: Zum einen war eine resiliente Grundhaltung in der Großelterngeneration der Familie Hipp eine überlebenswichtige Voraussetzung für die Unternehmensgründung selbst. Diese Haltung setzte sich in der Familie Hipp als Muster fort und übertrug sich sogar auf die Belegschaft, als das Unternehmen in eine Krise kam. Systemisch betrachtet sind Familienunternehmen ein spezieller Typus von Unternehmen: Es handelt sich um *fest gekoppelte Systeme*, bestehend aus Familienmitgliedern und Unternehmensmitgliedern, die einer jeweils unterschiedlichen Logik folgen. Während in Familien die Kommunikation überwiegend personenorientiert erfolgt, ist sie im Unternehmen eher sachorientiert. Damit spielen beide Systeme nach unterschiedlichen Spielregeln. Diese Paradoxien müssen ausbalanciert werden (vgl. Simon 2009). Im Falle der Familie Hipp zeigt sich, wie eine resiliente Grundhaltung dabei eine Hilfe darstellen kann, denn Resilienz taugt in *beiden* Systemen als Überlebenskonzept und Übersetzungshilfe für die einander ausschließenden Logiken beider Welten – Familie und Unternehmen – gleichermaßen.

Das systemische Modell familialer Resilienz

Aus systemisch-konstruktivistischer Sicht und im Zuge der gesellschaftlichen Veränderungen – durch Globalisierung, Diversifizierung der Lebenslagen wie Verarmung der Mittelschichten, natürliche und menschengemachte Risiken, Katastrophen und nicht zuletzt Migrationsprozesse – wird es immer schwieriger zu definieren, was eine gesunde und funktionierende Familie ausmacht. Dies zeigt sich in einer neuen Ratlosigkeit bei professionellen Helfern etwa in den Jugendämtern und Einrichtungen der Jugendhilfe, bei pädagogischem Fachpersonal und Fachdiensten sowie in Kindertagesstätten und Schulen.

Daher möchten wir hier exemplarisch ein praktisches Modell zur konkreten Arbeit mit belasteten Familien vorstellen, welches das Resilienzkonzept quasi als Kompass benutzt und weiterentwickelt, um solche Familien nachhaltig zu stärken. Es wurde Ende der 1980er-Jahre in den USA am Chicago Center for Family Health entwickelt und u.a. auch zur Beratung von Angehörigen der Opfer des 11. September eingesetzt (Walsh 2006). Grundgedanke ist hier die Hypothese, dass viele Wege zur Resilienz führen und dass es wichtig ist, Abschied zu nehmen von der Fokussierung auf das jeweilige Individuum und seiner Pathologie, wie sie sich in der Diagnostik der westlichen Welt (z.B. im ICD-10) etabliert hat. Gleichzeitig geht man davon aus, dass Familien heute in ihren besonderen Lebenslagen und Situationen kontextualisiert werden müssen im Hinblick auf ihre jeweiligen Wertvorstellungen, Strukturen, Ressourcen und lebenszyklischen Aufgaben, und dass diese Kriterien sich familienspezifisch sehr unterscheiden können.

Im familientherapeutisch ausgerichteten Konzept nach Walsh wird Resilienz als eine dynamische Fähigkeit verstanden,

> »zerrüttenden Herausforderungen des Lebens standzuhalten und aus diesen Erfahrungen gestärkt und bereichert hervorzugehen« (ebd., S. 43).

Zielgruppen sind z.B. Familien in Migrationsprozessen nach Flucht und Vertreibung oder durch Katastrophen Traumatisierte, aber auch Kinder aus Familien mit psychisch oder abhängigkeitskranken Elternteilen. Das Besondere an diesem Konzept ist, dass es den in der klassischen Resilienzforschung vorherrschenden Fokus radikaler Individualisierung überwindet und eine systemische Netzwerkperspektive einnimmt. Wie wir bisher gesehen haben, neigt die klassische Resilienzforschung dazu, sich sehr für das resiliente Individuum und seine charakterlichen Stärken und Widerstandsstrategien zu interessieren. Neuere Forschungen haben jedoch auch nahegelegt, dass

> »es bei der Entstehung von Resilienz auf die Interaktion zwischen Anlage und Umwelteinflüssen ankommt« (ebd., S. 45).

Das Modell familialer Resilienz richtet sich also nicht nur an die einzelnen Individuen in der jeweiligen Familie und auch nicht ausschließlich auf die dort vorhandenen Defizite, sondern lenkt die Aufmerksamkeit auch auf das *Wechselspiel zwischen Risiko und Resilienz* in der *ganzen Familie* als System. Man geht aufgrund familientherapeutischer Erfahrung davon aus, dass Krisen, widrige Lebensumstände und Katastrophen das ganze System Familie (evtl. sogar über mehrere Generationen hinweg) beeinflussen und steuern können – je nachdem, wie die Familie auf die kritische Situation reagiert. Leiden oder Resignation kann aus dieser Sicht dadurch entstehen, dass eine

Familie bisher erfolglos versucht hat, mit einer schwierigen Lebenssituation umzugehen und sie zu lösen:

> »Starke Belastungen können die Funktionsweise eines Familiensystems zusammenbrechen lassen, wobei sich die Wirkungen davon allmählich auf alle Familienmitglieder und ihre Beziehungen ausbreiten. Durch Schlüsselprozesse der Resilienz wird das Familiensystem befähigt, sich von Krisen zu erholen, Belastungen abzufedern, das Risiko der Dysfunktion zu verringern und eine optimale Anpassung an neue Lebensumstände zu unterstützen« (Walsh 2006, S. 47).

Das Konzept familialer Resilienz baut darauf, durch Krisen oder widrige Lebensumstände geschüttelte Familien darin zu stärken, neue Erkenntnisse für sich und über sich zu gewinnen und neue Fähigkeiten auszubilden, anstatt sich konflikthaft zu zerfleischen und auseinanderzufallen, wie es häufig geschieht. Stattdessen wird die Familie eingeladen, stärker in soziale Beziehungen zu investieren, ihre Prioritäten und Ziele neu zu bewerten und die Krisen gemeinsam gestärkt durchzustehen. Aber auch Familien, bei denen weder Armut noch Risiken akut sind, können mit dem Konzept familialer Resilienz ihr Selbstwertgefühl und ihre Ressourcen präventiv stärken und ihre Verwundbarkeit bei Krisen damit senken:

> »Bei dem vorliegenden Ansatz sieht man Eltern und Familien nicht mehr aus einer Perspektive, die sie als irreparabel beschädigt erscheinen lässt, sondern richtet seinen Blick auf Personen, die von den Widrigkeiten des Lebens herausgefordert sind und das Potenzial haben, Heilung und Wachstum bei jedem Einzelnen der Familienmitglieder zu fördern. Anstatt sogenannte Überlebende aus ›dysfunktionalen Familien‹ zu befreien, begegnet man leidenden Familien mit Respekt und Mitgefühl für ihre Anstrengungen, bestätigt ihr Potenzial an Korrekturmöglichkeiten und lockt ihre besonderen Qualitäten hervor. Wenn man die Resilienz einer Familie fördert, hat dies zwei Ziele: einerseits die dysfunktionalen Momente in der Familie abzuwenden oder zu verringern und andererseits die familiale Funktionsweise und das Wohlbefinden der Familienmitglieder zu steigern« (ebd., S. 49).

In der Beratungsarbeit fokussieren sich die Beratenden nach diesem Konzept in den Interviews mit betroffenen Familien (Mitglieder) u. a. auf *verschiedene Wege*, die eine Familie zur Resilienz führen können oder in der Vergangenheit schon geführt haben: auf den spezifisch *familialen Lebenszyklus* im Kontext mehrerer Generationen (im Netz der Verwandtschaft) sowie auf mögliche *Vermächtnisse der Vergangenheit* (z. B. bei posttraumatischen Stresserlebnissen oder bisher unbearbeiteten Verlusten/Traumata aus der Vergangenheit). Eine daraus resultierende systemische Erkenntnis ist auch, dass viele Familien in eine Krise geraten, wenn sie

> »in einem lebenszyklischen Übergang an einen Punkt kommen, der in einer früheren Generation mit einem Trauma verbunden war« (ebd., S. 53).

Deshalb erfolgt die Beratung immer systemisch und kontextbezogen und weniger individuumsbezogen. In den Gesprächen wird versucht, eine Chronologie der familialen Ereignisse herzustellen und die Symptome im zeitlichen und sozialen Kontext zu sehen. Dabei ist die Arbeit mit dem Familiengenogramm eine wichtige Ressource, um Informationen über die Familie und ihr Beziehungsnetz einzuordnen.

Folgendes interkulturelles Fallbeispiel aus dem Chicago Center for Family Health soll dieses Beratungskonzept illustrieren.

1998 wurde das Chicago Center for Family Health gebeten, nach seinem resilienzbasierten Ansatz ein Beratungsangebot für bosnische Flüchtlinge und später für albanische und kosovarische Familien vorzulegen. Es handelte sich jeweils um Flüchtlinge, die Opfer der »ethnischen Säuberungen« der Serb:innen im Kosovo und in Bosnien geworden und von Folter, Vergewaltigung, Mord sowie dem Verlust ihrer Angehörigen, ihrer Häuser und Gemeinden betroffen waren.

> »Unser auf familiale Resilienz gerichteter Ansatz wurde deshalb ausgewählt, weil man die traditionelle psychologische Beratung und Betreuung von Flüchtlingen vor allem, was die defizitbasierte Behandlung einer posttraumatischen Belastungsstörung [...] mit ihrem verengten Blick auf die Behandlung einzelner Symptome für wirkungslos und pathologisierend hielt. Die üblichen sozialen Dienste gaben den Immigranten zwar Unterstützung bei der Assimilation und Anpassung an die Aufnahmegesellschaft, hatten aber meist keine Antwort auf die traumatischen Erlebnisse und Verlusterfahrungen der Flüchtlinge und gingen kaum auf deren Bedürfnis ein, ihren kulturellen Wurzeln nachzuspüren. Bei unserem Vorgehen ist es dagegen so, dass die Flüchtlinge als psychisch gesunde Menschen gesehen werden, von denen die einen natürlich mehr, die anderen weniger unter ihrer abnormen und zutiefst traumatisierenden Erfahrung leiden. Unserer Erfahrung nach wird von Experten für psychische Gesundheit oft unterschätzt, wie sehr die Betroffenen sich schämen, wenn sie anderen von ihren Verwundungen und ihrem Leiden erzählen sollen. Therapeuten, die nach dem Resilienzansatz arbeiten, orten das Trauma nicht im Individuum, sondern in der extremen Situa-

> tion, die es erlebt hat. Die Flüchtlingsfamilien, mit denen wir gearbeitet haben, fühlten sich durch unser Vorgehen respektiert, in ihrer Heilung unterstützt und in ihrer Bewältigungsfähigkeit gestärkt« (ebd., S. 57).

Das Beratungskonzept umfasste sog. Mehrfamiliengruppen, die neun Wochen lang intensiv betreut wurden. Die Treffen fanden in den Wohnvierteln der Familien in sehr angenehm gestalteten Räumlichkeiten statt, die für die Betroffenen gut erreichbar waren. Die Teams bestanden aus amerikanischen Familientherapeut:innen und Co-Moderator:innen aus den jeweiligen Herkunftsländern der betroffenen Familien. Der Fokus der Beratung richtete sich auf die Bedeutung der Familie und ihre Kompetenzen, die sie die traumatischen Situationen hatten überleben lassen. Gleichzeitig wurden parallel dazu resilienzbasierte Schulungen in Prishtina für die überlebenden Mitglieder der Familien durchgeführt (ausführlicher bei ebd., S. 58 ff.).

Als Kompass für eine resilienzbasierte Beratung mit Familien werden u. a. folgende Themen in den Interviews besprochen und abgefragt (vgl. ebd., S. 60 ff.):

- *Überzeugungen in der Familie:* Wie gelingt es der Familie, in widrigen Lebensumständen einen Sinn zu finden? Wie schafft sie es, trotz widriger Umstände und Leidens ihrem Leben einen Anstrich von Normalität zu geben? Wie kann die Krise als verstehbare Herausforderung angesehen werden?
- *Transzendenz und Spiritualität:* Welche übergeordneten Werte, Religiosität, Glaubenssätze, Rituale, Inspirationen, Kreativität, soziale Handlungsweisen prägen die Familie?
- *Verbundenheit:* Wie sieht die gegenseitige Unterstützung, Zusammenarbeit und Verbindlichkeit aus? Gibt es Respekt vor den Bedürfnissen, Unterschieden und Grenzen der einzelnen Familienmitglieder? Welche Möglichkeiten zur Versöhnung nach verletzten Beziehungen gibt es? Welche zu neuen Verbindungen?
- *soziale und ökonomische Verbindungen:* Welche sozialen, verwandtschaftlichen und umfeldbezogenen Netzwerke lassen sich mobilisieren? Welche alternativen Rollenvorbilder und Bezugspersonen gibt es? Wie lassen sich finanzielle Sicherheiten aufbauen?
- *Kommunikation und Gefühle:* Wie lassen sich eindeutige, in sich stimmige Botschaften in Wort und Tat finden und kommu-

nizieren (im Gegensatz etwa zu den sog. Doppelbotschaften)? Wie können Gefühle in der Familie miteinander geteilt werden? Wie lässt sich gegenseitige Empathie zeigen und Unterschiedlichkeit respektieren? Wie kann man die Verantwortung für eigene Gefühle und Verhaltensweisen übernehmen? Wie kann eine angenehme Interaktionssituation mit Humor und Ruhepausen aussehen?
- *gemeinsame Problemlösung:* Welche kreativen Ideen lassen sich entwickeln? Wie sieht eine gemeinsame Entscheidungsfindung aus (Aushandlungsprozesse, Fairness, Reziprozität)? Welche Ziele können fokussiert werden? Wie könnte eine proaktive Haltung aussehen (zur Prophylaxe gegen zukünftige Herausforderungen)?

In Deutschland hat sich insbesondere in Berlin das Konzept der aufsuchenden systemischen Familientherapie entwickelt und – zumindest regional in Berlin – bewährt (Conen 2008). Dabei werden sog. Jugendhilfefamilien – also Familien, die mindestens im Hinblick auf die Versorgung ihrer Kinder auffällig geworden sind – in Zusammenarbeit mit den Sozialarbeitenden vom Jugendamt von zwei systemischen Familientherapeut:innen zu Hause aufgesucht. Ziel dieser Arbeit ist es, in einem meist langwierigen Prozess zu versuchen, dysfunktionale Strukturen und Muster in der Familie auf der Basis familialer Resilienz so zu verändern, dass all das, was die Familie an Positivem aufzubieten hat, gefördert und so gestärkt wird, dass funktionalere Strukturen entstehen können. Dies funktioniert jedoch nicht im Alleingang, sondern nur mit einer guten Vernetzung aller beteiligten Helfersysteme sowie der Kooperation mit dem Jugendamt als Auftraggeber.

Resilienzförderung durch Trainings?

Grundsätzlich ist es schwierig, das komplexe Kompetenzkonstrukt der Resilienz in speziellen Trainings und künstlichen Situationen abzubilden und dort eine ganz gezielte Förderung zu erreichen. Resilienz entsteht ja schon in der Kindheit durch die Bewältigung altersspezifischer Aufgaben. Hier lernt das Kind im besten Falle, dass Veränderungen und Stress-Situationen nicht bedrohlich, sondern bewältigbare Herausforderungen sind (vgl. Fröhlich-Gildhoff u. Rönnau-Böse 2015, S. 15). Auch Masten (2016, S. 24) spricht an dieser Stelle von ganz gewöhnlicher Magie, welche aus ganz gewöhnlichen, altersangemessenen Entwicklungsaufgaben entspringt.

Resilienz entsteht durch wechselseitigen Austausch zwischen Individuum und Umwelt und besitzt die Fähigkeit, die eigenen Denk-, Fühl- und Verhaltensmuster proaktiv zu gestalten und diese ein Leben lang zu verändern bzw. auch weiterzuentwickeln (vgl. Wellensiek 2011, S. 20). Diese Haltung fußt auf der neurowissenschaftlichen Basis, dass einmal im Hirn entstandene Verschaltungen und damit die von ihnen bestimmten Denk- und Verhaltensmuster, sowie selbst scheinbar unverrückbare Grundüberzeugungen und Gedächtnisstrukturen sich lockern, überformen und umgestalten lassen (vgl. Hüther 2007, S. 45 ff.).

Das vergangene Kapitel konnte an vielen Stellen aufzeigen, dass die Entwicklung von Resilienz durch multiple Faktoren mitbestimmt wird. Diese Komplexität zu übergehen wäre fatal und würde die widrigen Lebensbedingungen vieler Menschen als potenziellen Risikofaktor negieren. Die Diversität von Lebenssituationen und -konstellationen muss auch im Umgang mit Resilienz Beachtung finden und sich nicht an der einfachen Formel »Jeder ist seines Glückes Schmied« orientieren.

Wichtig ist uns, zwischen verschiedenen Formen der Resilienzförderung zu unterscheiden: Es existieren Programme, die auf die Stärkung von Schutzfaktoren abzielen, und Programme, die auf die Stärkung der Resilienzfaktoren abzielen oder beides. Je jünger die Zielgruppe des Trainings, desto eher wird versucht, die Förderung auch auf die Ebene der Schutzfaktoren zu beziehen. Wie wir am Beispiel der Methode »*Drei Quellen der Resilienz*« gesehen haben, kann es sehr viel Sinn ergeben, auch die Resilienz stark vulnerabler und verstörter Teams mit einfachen Interventionen zu stärken.

Das Energiefass als Übung für Gruppen und Teams

Das Energiefass (s. Abb. 24) kombiniert mehrere Ebenen miteinander und verfolgt das Ziel, einen ersten Ansatzpunkt für die Entwicklung von resilienzfördernden Routinen und Maßnahmen zu liefern. Für unsere Trainings haben wir die Übung leicht modifiziert. Im Original wird sie bei Wellensiek (2011, S. 119 f.) beschrieben. Diese Übung bietet einen niederschwelligen Einstieg in die Arbeit an der

Abb. 24: Das Energiefass

eigenen Resilienz. Die einzelnen Fragen docken an verschiedene Resilienzfaktoren an, und die Ergebnisse geben einen guten Überblick über vorhandene Ressourcen und vorliegende Risiken.

Wir verwenden diese Übung gerne in unseren Trainings, weil sie in ihrer Gestaltung eine große Variationsvielfalt bietet und es uns erlaubt, sie an die Settings unserer Kund:innen anzupassen.

Übung: Das Energiefass

Bitte finden Sie sich in einer Kleingruppe zusammen (3–5 Personen) nehmen Sie sich ein Flipchart und Stifte und zeichnen Sie ein Gefäß (Fass, Krug, Batterie etc.).

Bitte zeichnen Sie ein:

- Wie ist mein aktueller Energiefüllstand?
- Welche Tätigkeiten oder Zustände geben mir Energie?

- Was leert mein Energiefass?
- Wie könnte ich mehr von dem machen, das mir Energie gibt?
- Wie könnte ich weniger machen von dem, was mir Energie nimmt?
- Wie würde mein perfekter Energiehaushalt aussehen (Wunsch)?
- Was sind die ersten (realistischen, konkreten) Schritte dahin?

Abb. 25: Variationen zum Energiefass

Varianten zum Energiefass (s. Abb. 25)

Variante 1: Diese Übung lässt sich als Tool für Teams nutzen. Sie kann in Arbeitsteams dazu dienen, den Energiekontext der Zusammenarbeit zu beschreiben und diesen angenehmer zu gestalten. Man kann sie auch von Zeit zu Zeit wiederholen, um festzustellen, ob neue Energiequellen hinzugekommen sind oder es neue Quellen gibt, welche dem Team Energie rauben.

Variante 2.1: Die Fragen »Was gibt mir Energie?« und »Was raubt mir Energie?« können zusätzlich in verschiedene Ebenen unterteilt werden:

Was gibt/nimmt mir körperliche Energie? Was gibt/nimmt mir emotionale Energie? Was gibt/nimmt mir mentale Energie?

Variante 2.2: Ergebnisse können auch in der Übung schon bewertet werden mit der Fragestellung: Wie oft tun Sie diese Tätigkeit? Wie wichtig ist Ihnen diese Tätigkeit?

Variante 3: Die Übung muss nicht en bloc bearbeitet werden, sie kann auch in einzelnen Etappen durchlaufen werden.

Variante 4: Die Frage »Was nimmt mir Energie?« lässt sich unterteilen in die Kategorien *theoretisch veränderbar* und *unveränderbar*. Daran anschließend kann eine Übung zum Umgang mit unveränderbaren Verhältnissen folgen.

Variante 5: In einer anderen Variation kann ein perfekter Energiehaushalt auch als Gefäß gestaltet werden. Danach werden beide Versionen aufgehängt und ein leeres Flipchart in der Mitte platziert. Auf diesem können zwei Themen bearbeitet werden: Was braucht es, um einem perfekten Energiehaushalt nahezukommen? Was ist utopisch?

Variante 6: Die Identifikation von ersten, realistischen Schritten kann die Grundlage für definierte Experimente sein. Diese Ergebnisse können auch die Grundlage für eine intensivere Zusammenarbeit darstellen. Beispielsweise kann man in einem Setting von Einzelcoaching in regelmäßigen Abständen auf die Experimente schauen und über Anpassungen, Validation etc. sprechen.

Wir erleben in unseren Trainings häufig einen intensiven Austausch zwischen den Teilnehmer:innen innerhalb der Arbeit an der Gestaltung des Fasses. Ein schöner Nebeneffekt der Übung ist, dass man in der gemeinsamen Erarbeitung auch Strategien und Perspektiven von anderen Personen kennenlernen kann.

Fazit

Resilienz bezeichnet aus humanwissenschaftlicher Sicht die psychische Widerstandsfähigkeit gegenüber biologischen, psychologischen und psychosozialen Entwicklungsrisiken (vgl. Wustmann 2005, S. 192). Neben den Komponenten des Widerstandes wird in weiteren Definitionen von Resilienz auch eine potenziell mögliche Entwicklung durch die Bewältigung kritischer Lebensereignisse betont: Resilienz ist die Fähigkeit, Krisen unter Rückgriff auf persönlich und sozial vermittelte Ressourcen zu meistern und diese ggf. als Anlass für eine transformative Entwicklung zu nutzen (vgl. Welter-Enderlin 2006, S. 13).

Die einzelnen Resilienzfaktoren bilden sich im Laufe der kindlichen Entwicklung durch die Bewältigung von altersangemessenen Entwicklungsaufgaben. Dieser Erwerb ist ein dynamischer Anpassungs- und Entwicklungsprozess, welcher aus einer Interaktion zwischen dem Individuum und seiner Umwelt in einem bidirektionalen Prozess entsteht (vgl. Wustmann 2005, S. 193). Die Fähigkeit, in Anbetracht einer Krise oder eines Risikos psychische Widerstandskraft zu zeigen, ist kontextabhängig. Eine moderne Perspektive auf Resilienz beinhaltet diese multidimensionale Perspektive und versteht psychische Widerstandskraft »als ein Produkt des Zusammenspiels vieler Ressourcen und psychischer Prozesse [...], die sich ihrerseits entwickeln« (Leipold 2015, S. 19). Die Resilienzforschung hat auf diese Besonderheit reagiert und spricht nicht von einer universellen Resilienz, sondern von lebensbereichspezifischen Resilienzen (vgl. Wustmann 2005, S. 194).

Wir unterscheiden zwischen Risiko- und Schutzfaktoren, die ebenfalls einen Einfluss auf die Entwicklung von psychischer Widerstandskraft besitzen. Als Schutzfaktoren werden Merkmale zusammengefasst,

> »welche das Auftreten einer psychischen Störung oder einer unangepassten Entwicklung verhindern oder abmildern sowie die Wahrscheinlichkeit einer positiven Entwicklung erhöhen« (Rutter 1990 in Fröhlich-Gildhoff u. Rönnau-Böse 2015, S. 28).

Risikofaktoren sind klassifiziert als

> »krankheitsbegünstigende, risikoerhöhende und entwicklungshemmende Merkmale [...], von denen potenziell eine Gefährdung der gesunden Entwicklung des Kindes ausgeht (Holtmann u. Schmidt 2004 in ebd., S. 21).

Zu den einflussreichsten Schutzfaktoren zählt die emotional warme Beziehung zu einer erwachsenen Bezugsperson (nicht nur) in den ersten Lebensjahren. Aus den Ergebnissen der Kauai-Studie von Emmy Werner haben sich viele Impulse für die folgende Ausdifferenzierung der Resilienzforschung und für die Praxis der Prävention ergeben. Insbesondere zeigten die Ergebnisse der Studie, dass Schutzfaktoren in hohem Maße miteinander interagieren, sich gegenseitig moderieren und einander verstärken – auch über die

Lebensspanne hinweg (vgl. Bengel, Meinders-Lücking u. Rottmann 2009, S. 33 f.).

Die aktuell meist rezipierten Studien im Bereich der Resilienzforschung sind folgende (in Klammern die dazugehörige Forschungsgruppe): Kauai-Studie (Werner et al.), Mannheimer Risikokinderstudie (Bengel et al.) Bielefelder Invulnerabilitäts-Studie (Lösel u. Bender et al.) und die Dunedin-Studie (Moffitt et al.).

Die wichtigsten Erkenntnisse dieser Studien waren u. a.:

- Eine resiliente Entwicklung hängt in hohem Maße mit dem Kontakt zu einer emotional warmen Bezugsperson zusammen (vgl. Werner 2007, S. 23).
- Besonders Kinder mit multiplen Risikobelastungen profitieren von positiven mütterlichem Interaktionsverhalten (vgl. Bengel, Meinders-Lücking u. Rottmann 2009, S. 37).
- Das Vorhandensein von Risikofaktoren muss nicht automatisch bzw. kausal zu einer maladaptiven Anpassung führen (vgl. Lösel u. Bender 2007, S. 63).
- Der Bereich der kindlichen Selbstkontrolle hat einen Einfluss auf das psychische und körperliche Wohlbefinden im Erwachsenenalter (vgl. Moffitt et al. 2011, S. 2693).
- Der Bereich der Selbstkontrolle kann bis ins Erwachsenenalter verändert werden (vgl. ebd., 2013).

Resilienz als Forschungsprogramm *und* als Haltung kann gerade in krisenhaften, chaotischen und unsicheren Zeiten wie den gegenwärtigen eine enorme Kraft darstellen und Alternativen zur Resignation und zum Abdriften in Leid und Störungen aufzeigen.

> »Die Paradoxie des Resilienz-Konzeptes besteht darin, dass die schlimmsten Zeiten in einem Menschenleben zugleich auch das Beste hervorbringen. Eine Krise kann dazu führen, dass Lernbereitschaft, Veränderung und Wachstum eines Menschen ungeahnte Richtungen einschlagen« (Walsh 2006, S. 68).

Zusammenfassend lässt sich Resilienz also als eine Art »Überblick« verstehen, als Kraftquelle eines Menschen auch in schwierigen, krisenhaften und unüberschaubaren Zeiten, sich als »Frau oder Herr der Situation« zu verstehen und Handlungsmöglichkeiten zu entwickeln und umzusetzen.

Wie wir am Fallbeispiel der Familie Hipp gesehen haben, besteht eine *optimale* Resilienzkonstellation neben einer guten Balance zwischen Risiko- und Schutzfaktoren aus der *wahrgenommenen Herausforderung* der Situation und den damit vorhandenen *Bewältigungsstrategien* und *Kompetenzen*, wie den internalen Faktoren (Persönlichkeitseigenschaften, Selbstwirksamkeitserwartungen, Selbstregulationsmechanismen) und den externalen Ressourcen (wie dem familiären Hintergrund, Arbeitskontext, Finanzen und der sozialen Unterstützung). Diese können und sollten trainiert werden.

Auch in Unternehmen wird Resilienz als Konzept in Krisen zunehmend interessant vor dem Hintergrund nicht nur der demografischen Situation, sondern auch durch ansteigende Belastungen der Mitarbeitenden wie vermehrter Druck, Digitalisierung, Angst vor Verlust des Arbeitsplatzes, finanzielle Sorgen, Umstrukturierungen, Versagensängste, Entgrenzungsprozesse usw.

Es ist gut zu wissen, dass nicht jedes »Trauma traumatisiert«, wie es Rosmarie Welter-Enderlin (2006, S. 139) einmal formuliert hat, und dass wir Menschen von der Evolution offensichtlich auch eine gewisse Dosis an Widerstandskräften mitbekommen haben, die es gerade in krisenhaften Zeiten gezielt zu nutzen – und vonseiten der Beratenden – zu fördern gilt, anstatt im Fokussieren auf die Probleme und im Jammern darüber zu versinken.

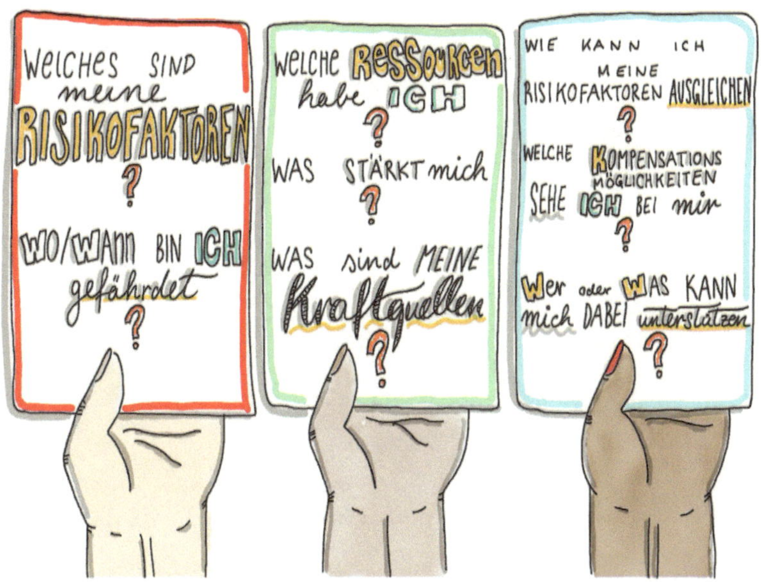

Abb. 26: Resilienz stärken und Stress abbauen

Übung zur Stärkung der eigenen Resilienz in Krisen für Einzelne und Teams:
Anstelle der nach jedem Kapitel üblichen Tipps & Tricks hier eine einfache Übung für alle, die in und nach Krisen ihre Resilienz stärken und Stress abbauen wollen oder sollen (s. Abb. 26):

1. Reflexion: Was sind meine Risikofaktoren? Wodurch bin ich evtl. gefährdet?
2. Was sind meine Ressourcen und Kraftquellen?
3. Wie/wodurch kann ich meine Risikofaktoren ausgleichen? Wie kann ich sie kompensieren? Wer oder was könnte mich dabei unterstützen?

4 Resilienz in Organisationen

Wir müssen immer davon ausgehen, dass sich die Zukunft in einer für uns zum gegenwärtigen Zeitpunkt unvorstellbaren Weise verändern kann.

Werner Kirsch

Der Begriff Resilienz stammt ja, wie in Kapitel 2 erläutert, ursprünglich aus der Materialforschung, von wo aus er ab den 1950er-Jahren in die Humanwissenschaften Einzug gehalten hat. In den letzten Jahren und mit der Zunahme weltweit auftretender Krisen und Katastrophen wurde er auch in anderen Kontexten gebräuchlich, so sprechen wir heute etwa ganz selbstverständlich auch von (mehr oder weniger) resilienten Organisationen, Gebäuden und Straßen (die z. B. den Folgen des Klimawandels standhalten können). Die Überflutungskatastrophe im deutschen Ahrtal im Sommer 2021 mit fast 200 Toten hat uns ein weiteres Mal gezeigt, dass es nicht ausreicht, dass einzelne Organisationen wie Behörden im Katastrophenfall gut aufgestellt sind, sondern dass die passgenaue Kommunikation und schnelle Kooperation mit anderen Institutionen überlebensrettend sein können. Und auch hier hat sich auf tragische Weise gezeigt: Wenn auch Organisationen und Institutionen nicht darin geübt sind, ihre Resilienz zu trainieren, kommt es schlimmstenfalls zur Katastrophe.

Das Konzept der Rationalitätsniveaus von Organisationen

Was genau bedeutet nun Resilienz von Organisationen? Was brauchen Organisationen, um zukünftig resilient aufgestellt zu sein? Zum besseren Verständnis wollen wir zunächst ein systemisches Modell der evolutionären Organisationstheorie des Organisationsforschers Werner Kirsch (Kirsch, Seidl u. Aaken 2010) voranstellen, das zwar in ganz anderem Kontext entwickelt wurde, aber aus unserer Sicht sehr gut anschlussfähig ist an die Idee, dass auch Organisationen ihre Widerstandskräfte zukünftig noch viel mehr als bisher stärken müssen.

Kirsch hatte in den 1960er-Jahren den Lehrstuhl für Betriebswirtschaftslehre an der Universität Mannheim inne und gilt als Begründer des sog. »Münchner Ansatzes«, der im Anschluss an Max

Weber, Niklas Luhmann und Jürgen Habermas herausragende Arbeiten zur rationalen Entscheidungstheorie in Organisationen erforscht und konzipiert hat. Kirsch gilt in den Wirtschaftswissenschaften als Querdenker (hierzu und im Folgenden vgl. Seidl u. Aaken 2021, S. 90 ff.). Kirsch geht dabei von folgenden drei Grundannahmen aus:

Die Zukunft ist offen, unbestimmt und unvorstellbar. Sie kann Zustände annehmen, die wir aktuell noch nicht vorhersehen und auch nicht beschreiben können. Ein Beispiel dafür war die genannte Überflutungskatastrophe im Sommer 2021 in Rheinland-Pfalz und Nordrhein-Westfalen, bei der kleine Flüsschen durch Starkregen in kürzester Zeit massiv über die Ufer getreten sind und ganze Dörfer mitgerissen haben. Es kamen ca. 200 Menschen ums Leben, viele galten als vermisst. Auf ein solches Ereignis waren die Institutionen, Helfersysteme und Entscheider:innen in Deutschland nicht vorbereitet, weil es hierzulande zwar immer schon vereinzelt ähnliche Wetterereignisse mit Überschwemmungen gegeben hatte, aber nie in solcher Wucht und Intensität mit so vielen Toten:

> »Nicht nur wissen wir zum gegenwärtigen Zeitpunkt nicht, welche der zukünftig möglichen Situationen eintreten werden, sondern es fehlen uns vielfach die kognitiven und sprachlichen Kategorien, um die möglichen Situationen überhaupt beschreiben zu können« (Seidl u. Aaken 2021, S. 91).

Trotz vieler technischer Möglichkeiten und Modellierungen können wir mithilfe der künstlichen Intelligenz heute Szenarien dazu entwickeln, aber wir können nicht wissen, ob und in welcher Intensität sie eintreten werden. Daraus folgt, dass es (nicht nur) für Organisationen wichtig ist, ihre Handlungsspielräume zu erweitern, anstatt sie unnötig zu beschränken.

Organisationen betrachtet Kirsch als je eigene Lebenswelten (LSW)[15], mit einer Heterogenität an eigenen Deutungsmustern, Persönlichkeitsstrukturen und Programmatiken. Lebenswelten sind in diesem Sinne Sets an Regeln, die festlegen, wie wir miteinander kommunizieren, handeln und Wissen generieren. In (größeren) Organisationen können verschiedene Lebenswelten nebeneinander koexistieren, je nach Kontext, Aufgabe und Abteilung. Die unterschiedlichen organisationalen Lebenswelten können auch als Kulturphänomene beschrieben werden, die Übersetzungshilfen notwendig machen. Es können in einer Organisation sowohl Tendenzen zur Homogenisierung als auch zum Gegenteil koexistieren:

15 Lebens-, Sprach- und Wissensformen.

> »Je heterogener die LSW, desto weniger lassen sich Organisationen als Einheiten beschreiben. […] d. h., statt eines einheitlichen Zentrums weisen Organisationen zunehmend eine Vielzahl unterschiedlicher und miteinander konkurrierender Partialzenten auf. Dies erschwert zum einen die Führung solcher Organisationen, da der Durchgriff auf die einzelnen Partialzentren begrenzt ist, zum anderen kann ein solcher Polyzentrismus im Rahmen der Führung aber auch genutzt werden« (ebd., S. 93).

Ein Wechsel zwischen den verschiedenen Abteilungen einer Organisation bedeutet daher immer im Sinne der Kulturforschung, einen Wechsel zwischen den verschiedenen Lebens-, Sprach-, und Wissensformen sowie Regeln wahrzunehmen. Für das Thema resiliente Organisation kann das bedeuten, dass einzelne Bereiche der Organisation hier mehr und dort weniger engagiert sein können.

Im Sinne des radikalen Konstruktivismus betrachtet Kirsch die *Organisationwirklichkeit(en) als Konstruktionen einer oder mehrerer Beobachter:innen* vor dem Hintergrund des jeweiligen (Sinn-)Kontextes. Kirschs Organisationstheorie befasst sich daher

> »explizit mit dem Zusammenspiel unterschiedlicher Beobachter und ihren Beobachtungen bzw. dem aus den Beobachtungen jeweils konstruierten Wissen sowie den diversen Wechselbeziehungen zwischen den unterschiedlichen Wissenskonstruktionen« (Kirsch, Seidl u. Aaken 2010, S. 6).

Dieses Phänomen kennen Beratende und Führungskräfte aus eigener Anschauung – z. B., wenn es darum geht, Dinge zu verändern, und die teilweise extrem differierenden Sichtweisen der Beteiligten aufeinanderprallen. Eine häufige Beobachtung in unserer Praxis ist, dass z. B. Führungskräfte ihre ganz eigenen Konstrukte über relevante Sachverhalte in ihrer Abteilung haben, und wenig Interesse, andere Sichtweisen dazu zu hören oder sie mit in ihre Entscheidungen einzubeziehen.

Flutkatastrophe im Ahrtal (Sommer 2021)

Im Juli 2021 kam es in Rheinland-Pfalz und Nordrhein-Westfalen zu dramatischen Überflutungen, als bei Starkregen kleine Flüsschen in kürzester Zeit über ihre Ufer traten und ganze Dörfer in den Fluten untergingen.

> »Fragen wirft weiterhin das Krisenmanagement in der verheerenden Hochwassernacht auf. Nach einem Bericht der ›Frankfurter Allgemei-

> nen Zeitung‹ soll trotz präziser Warnungen erst spät der Katastrophenfall ausgerufen worden [sein, Erg. d. A.].
>
> Die Kreisverwaltung habe neben online veröffentlichten Informationen im Laufe des Abends mehrere automatisierte E-Mails des zuständigen Landesamts für Umwelt erhalten, in denen auch der prognostizierte enorme Pegelstand von fast sieben Metern mitgeteilt wurde, heißt es in dem Bericht. Die Kreisverwaltung Ahrweiler wollte am Sonntag diesen Bericht auf Anfrage der Deutschen Presse-Agentur nicht kommentieren und verwies auf einen späteren Zeitpunkt […].
>
> Auch der Kieler Krisenexperte Frank Roselieb sieht die Verantwortung beim Landrat. Katastrophenschutzmanagement gehöre zur Kernfunktion jedes Kreischefs und jedes Oberbürgermeisters, sagte er der ›Rhein-Zeitung‹. ›In der Stellenbeschreibung eines Landrats oder einer Oberbürgermeisterin zählt das Krisenmanagement zu den wenigen Tätigkeiten, die nicht wirklich delegiert werden können.‹«[16]

Die automatisierten Warnungen wurden offenbar nicht gelesen bzw., wenn sie in der Behörde gelesen wurden, wurden sie von der inhaltlichen Dramatik nicht verstanden. Jedenfalls war es bereits zu spät, als die Bevölkerung spätabends endlich zur Evakuierung aufgerufen wurde. Die Staatsanwaltschaft ermittelt. Hier liegt die Hypothese nahe, dass niemand in dieser Region mit einer solchen Katastrophe gerechnet hatte und die Kommunikation zwischen den zuständigen Behörden und Helfersystemen nicht ausreichend eingeübt war. Diese Einschätzung teilt sogar der zuständige Landrat, gegen den die Staatsanwaltschaft u. a. wegen Unterlassung und fahrlässiger Tötung Ermittlungen aufgenommen hatte, es kamen ca. 200 Menschen ums Leben.[17]

Vor dem Hintergrund seines Lebensweltkonzeptes in Organisationen entwickelte Kirsch im Anschluss an Jürgen Habermas ein pluralistisches Rationalitätsverständnis für Organisationen. Rationalität bedeutet hier (im systemischen Sinne) *die guten Gründe*, die ein Handeln in Organisationen argumentativ stützen können. Dabei sind nach Kirsch abhängig vom jeweiligen Sinnkontext verschiedene Rationalitäten denkbar: Klassischerweise dominiert im Organisationskontext eine *kognitiv-instrumentelle Rationalität*, mit der Entscheidun-

16 RND vom 2.8.2021: Mängel bei Hochwasser-Warnungen – wusste Landrat von drohender Katastrophe? Verfügbar unter: https://www.rnd.de/politik/hochwasser-katastrophe-wusste-landrat-von-maengeln-bei-warnungen-2USG7H6XCGOJBNGVPOADFFVWJQ.html [20.12.2021].
17 Verfügbar unter www.tagesschau.de/inland/ahrweiler-115.html [11.7.2022].

gen des Managements etwa begründet werden. Kirsch betont, dass jedoch auch andere Rationalitäten denkbar sind, wie eine *moralisch-praktische*, bei der es um normative Richtigkeit des unternehmerischen Handelns geht, oder eine *ästhetisch-expressive*, bei der eher die Authentizität des Handelns etwa im Bereich personenbezogener Dienstleistungen im Mittelpunkt steht.

Aus diesen Überlegungen konstruierte Kirsch seine Theorie der unterschiedlichen Rationalitäts- bzw. Rationalisierungsniveaus von Organisationen, die zum Verständnis resilienter Organisationen hilfreich sein können (s. Abb. 27):

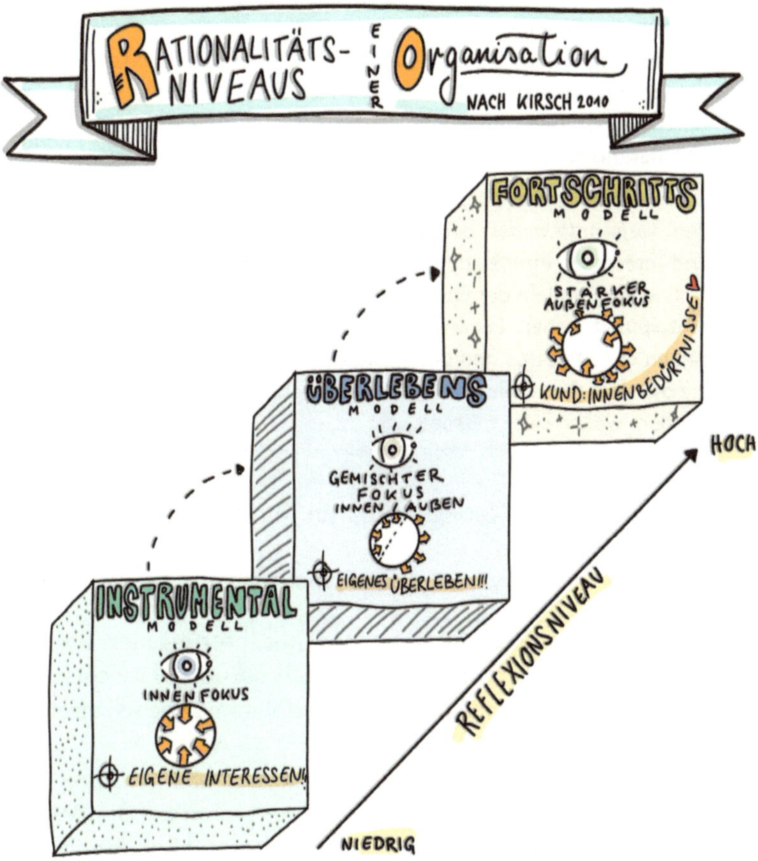

Abb. 27: Rationalitätsniveaus von Organisationen

Die Rationalitätsniveaus einer Organisation hängen immer auch davon ab, welchen Sinn und Zweck eine Unternehmung verfolgt.

1. Das einfachste Niveau beschreibt das sog. *Instrumentalmodell*. Hier ist die Organisation in erster Linie ein Instrument zur Durchsetzung der Interessen ihrer primären Nutznießer, wie etwa ein Verein, Verband oder eine Non-Profit-Organisation. Tendenziell werden hier Entscheidungen und Handlungen überwiegend selbstreferenziell getroffen, und Reflexion findet überwiegend vor dem Hintergrund der eigenen rationalen Lebenswelt statt.
2. Beim *Überlebensmodell* werden auch externe Lebenswelten und Kontexte in die eigene Reflexion mit einbezogen. Die Organisation ist überwiegend mit der Sicherung des eigenen Überlebens beschäftigt, wie bei Behörden und in der Verwaltung, aber auch vielen kleinen und mittelständischen Unternehmen und bei Selbstständigen.
3. Das am höchsten entwickelte Niveau erreichen Organisationen mit dem *Fortschrittsmodell*, bei dem die Berücksichtigung der Bedürfnisse und Interessen ihrer Kund:innen, Nutzer:innen und Klient:innen – als vom Handeln der Organisation direkt Betroffenen – im Mittelpunkt stehen. Hierzu dürften die meisten Konzerne ebenso zählen wie Start-ups und gut entwickelte Non-Profit-Organisationen, die dynamisch und flexibel auf neue Herausforderungen reagieren können, wollen oder müssen.

Was bedeuten diese Überlegungen nun für die Resilienz von Organisationen?

Dazu formulieren wir folgende Hypothesen:

- Ob eine Organisation sich schon mit ihrer eigenen Resilienz befasst oder nicht, hängt wesentlich davon ab, welchen Sinn und Zweck im Sinne Kirschs sie verfolgt und wie selbstreferenziell sie unterwegs ist.
- Wir gehen davon aus: Je größer die Beschäftigung mit Resilienz wird, umso mehr ist eine Organisation auf die Befriedigung der Bedürfnisse ihrer Nutzer:innen und Kund:innen bzw. im Katastrophenfall den Schutz der Bevölkerung ausgerichtet oder muss es sein, wie im Falle der sog. Hochrisiko-Organisationen, die Vorreiter waren bei diesem Thema.

- Wie im Falle vieler Katastrophen (Corona, Tsunami, Fukushima, Hochwasser Ahrtal) erfolgen die erforderlichen Lernprozesse tragischerweise oft erst, nachdem traumatische Ereignisse eingetreten sind.

Was kennzeichnet resiliente Organisationen?

Der Gedanke, dass nicht nur Menschen, sondern auch Organisationen Resilienz benötigen, ist noch relativ neu und dürfte angesichts der aktuellen Krisen und Katastrophen zukünftig dramatisch an Bedeutung gewinnen.

Erst seit etwa den 1990er-Jahren wird das Konzept der Resilienz auch auf den organisationalen Kontext angewendet. Unter dem Begriff der Achtsamkeit (engl. *mindfulness*) haben für die USA die Organisationspsycholog:innen Karl Weick und Katherine Sutcliffe als eines der ersten Forscherteams untersucht, wie es sogenannten Hoch-Risiko-Organisationen (HROs) gelingt, auch in einem fehleranfälligen Umfeld zuverlässig und nahezu fehlerfrei zu arbeiten. Beispiele für HROs sind Atomkraftwerke, Flugzeugträger und die Flugsicherung, aber auch Krankenhäuser und die Feuerwehr (vgl. Weick u. Sutcliffe 2003; im deutschsprachigen Raum Gebauer u. Kiel-Dixon 2009).

Wie wir auch bei Umweltkatastrophen immer wieder sehen, können schon kleine Abweichungen, Unterlassungen und Fehler zu riesigen Folgeschäden führen. In der heutigen VUKA[18]-Welt hat die organisationale Resilienz auch für andere Organisationen rasant an Bedeutung gewonnen, auch wenn das, wie oben erwähnt, nicht allen schon gleichermaßen bewusst ist. Denn erst durch ein Bewusstsein für die Resilienz von Organisationen lassen sich die Herausforderungen in Krisenzeiten besser bewältigen.

Die Pionierarbeiten von Weick und Sutcliffe bilden bis heute die Grundlage vieler weiterer Forschungen und Projekte. Daher ist es sinnvoll, zunächst die fünf von ihnen identifizierten Eigenschaften einer achtsamen und somit resilienten Organisation zu betrachten (s. Abb. 28). Diese sind maßgeblich, um Zuverlässigkeit auch in Krisen zu gewährleisten und hinterher gestärkt aus ihnen hervorzugehen. Die ersten drei sind vor allem für die Antizipation einer Krise notwendig, die letzten beiden werden hingegen besonders für die

18 VUKA = Volatilität, Unsicherheit, Komplexität und Ambiguität.

Bewältigung der Auswirkungen von Krisen benötigt (vgl. Weick u. Sutcliffe 2003). Für alle braucht es jedoch ein entsprechendes organisationales Reflexions- und Rationalitätsniveau, wie es Kirsch in seinem Fortschrittsmodell formuliert hat. Vermeiden und Verdrängen helfen hier nicht weiter.

Abb. 28: Was zeichnet resiliente Organisationen aus?

Eine resiliente und achtsame Organisation:

1. lernt aus Fehlern, um eine positive Fehlerkultur zu entwickeln:

Statt auf ihre Erfolge legen HROs ihren Fokus auf das Reflektieren von und Lernen aus »Fehlern«, wobei bei ihnen Fehler nicht als menschliches Versagen, sondern im systemischen Sinne als Hinweise auf Probleme und Dysfunktionen im System gesehen werden. Sicherheit wird nicht als statisch gegeben angenommen, sondern als etwas, was man dynamisch immer wieder situationsabhängig herstellen muss. Das Analysieren von Fehlern oder potenziellen Fehlerquellen wird als Möglichkeit gesehen, das ganze System zu verbessern und daraus zu lernen. Damit ermöglichen die Organisationen sich eine positive Fehlerkultur, also einen offenen Umgang damit. Das wird durch das Bestärken oder sogar Belohnen von Fehlermeldungen intern unterstützt. So lernen Mitarbeiter:innen, Fehler besser zu antizipieren, und haben genügend Vertrauen, sie zu melden. Dieses Vorgehen ist in der japanischen Management-Kultur schon seit den 1980er-Jahren üblich (z. B. im KVP = kontinuierlicher Verbesserungsprozess) und hat z. B. der dortigen Automobilbranche jahrelang einen Vorsprung vor amerikanischen Mitwettbewerber:innen beschert. Das Entwickeln einer »Fehlerfreundlichkeit« könnte Organisationen aus dem christlich-abendländischen Kulturkreis schwerer fallen als z. B. asiatischen, weil hier der Fokus oft auf der Suche nach Sündenböcken liegt, was bei den Verantwortlichen ein Vermeidungsverhalten stärkt. Dies lässt sich auch in Organisationen sehr gut beobachten.

2. hat eine Abneigung gegen vereinfachte Interpretationen:

Wir Menschen neigen dazu, in Kategorien zu denken und dadurch vermehrt Dinge wahrzunehmen, die die eigenen Erwartungen bestätigen. HROs hingegen zeichnen sich dadurch aus, dass sie ihre eigenen Denkmuster kritisch hinterfragen und vielfältige, unterschiedliche Perspektiven einnehmen. Denn die komplexe und dynamische Umwelt zu vereinfachen ist gefährlich, da Abweichungen auf diese Weise weniger gut wahrgenommen werden. Verkannte Abweichungen können sich jedoch, gerade bei HROs, schnell zu weitreichenden Störungen oder Katastrophen entwickeln. Durch Achtsamkeit lassen sich viele Informationen zur Umgebung und zum eigenen System sammeln, die dazu dienen können, Probleme schon im Anfangsstadium zu erkennen. Hilfreich sind dabei eine gute Kommunikation, bei der auch abweichende und kritische Meinungen im Team ernst genommen werden, sowie der Austausch zwischen Abteilungen und Lebenswelten im Sinne Kirschs.

3. entwickelt Sensibilität für betriebliche Abläufe:

Um Abweichungen schnell wahrzunehmen, müssen die Abläufe und Strukturen allen Beteiligten vertraut sein. Vertrautheit kommt durch Übung und Training zustande. Es reicht nicht, wie im Falle des Ahrtal-Unglücks, als zuständige Behörde Ablaufprozesse irgendwo schriftlich hinterlegt zu haben und es beim Versenden automatisierter Mails bewenden zu lassen. Nur auf der Grundlage von Achtsamkeit, das bedeutet hier kontinuierlicher Übung, kann auf Abweichung fundiert, schnell und situationsbezogen reagiert werden. Regelmäßige Team- und Gruppeninteraktionen sind daher ratsam, damit die Teammitglieder Raum haben, ihre Informationen und ihr Wissen zu teilen und sich auf potenzielle Katastrophen einzustellen.

4. strebt nach Flexibilität:

Fehler führen bei HROs selten zu einer Gefahr für die ganze Organisation. Das liegt auch daran, dass im Ernstfall dezentrale, flexible und improvisierte Entscheidungen erlaubt sind. Dafür sind jedoch ein umfangreiches Wissen um die Kompetenzen und Fähigkeiten aller Mitarbeiter:innen und der Ressourcen sowie eine gute Kommunikation und Feedback notwendig.

5. zeigt Respekt vor fachlichem Wissen und Können:

Angelehnt an das Streben nach Flexibilität wandert auch bei resilienten Organisationen die Entscheidungsbefugnis im Ernstfall quer zur Hierarchie: Entscheidungen werden bei HROs dann nicht mehr nur ganz oben in der Hierarchie getroffen, sondern von denjenigen, die die größte Expertise für das jeweilige Problem haben. Das Stichwort hier ist: Sachautorität. Eine quasi-natürliche Hierarchie, die sich durch die Expertise in einem Thema ergibt und nicht durch bloße Betriebszugehörigkeit oder Rang. Dazu muss ebenfalls ein umfangreiches Wissen über die Fähigkeiten aller Mitarbeiter:innen vorhanden sein. Dieses Vorgehen gilt auch im Krisenmanagement als der Königsweg.

Mittlerweile wurde von der Internationalen Organisation für Normung (ISO) eine Norm zur resilienten Organisation erstellt. Demnach ist organisationale Resilienz eng gekoppelt an Agilität als

> »die Fähigkeit einer Organisation, etwas abzufedern und sich in einer verändernden Umgebung anzupassen, um so zu ermöglichen, ihre Ziele zu erreichen, zu überleben und zu gedeihen. Resilientere Organisationen können Risiken und Chancen – aufgrund von plötzlichen oder allmählichen Veränderungen im internen und externen Kontext – antizipieren und darauf reagieren« (ISO 2017).

Außerdem wurden in der ISO-Norm 22316 neun Schlüsselelemente der organisationalen Resilienz definiert (Heller u. Gallenmüller 2018, S. 14). Zentral sind dabei:

Resiliente Organisationen

- teilen hierarchieübergreifend eine Vision und klare Ziele und Werte
- verstehen und reflektieren ihre relevanten Umwelten und versucht, sie zu beeinflussen
- verfügen über eine effektive Führungskultur, die Führung auch in unsicheren Zeiten ermöglicht
- entwickeln eine resilienzfördernde Kultur mit gemeinsam geteilten Werten und Einstellungen
- teilen Wissen und Informationen
- lernen aus Erfahrung
- entwickeln Ressourcen, die die vulnerablen Stellen der Organisation abdecken und eine schnelle Anpassung an sich verändernde Umwelten ermöglichen (neue Technologien, Prozesse und qualifiziertes Personal) usw.

Diese Liste kommt dem Konzept des Fortschrittsmodells von Kirsch sehr nahe. Es wird deutlich, dass die Fähigkeit und Bereitschaft zur (Selbst-)Reflexion in der Organisation über die eigene Lebenswelt hinaus eine zwingende Voraussetzung zur Entwicklung organisationaler Resilienz darstellt. Gleichzeitig dürfte es sich hier eher um eine Wunschliste handeln, die von der Wirklichkeit der meisten Unternehmen noch mehr oder weniger weit entfernt sein dürfte. Dennoch können wir sie als Anregung und Reflexionsinstrument nutzen, um (nicht nur in Krisenzeiten) immer wieder zu prüfen, welche Herausforderungen eine Organisation angehen sollte, um resilient zu werden oder bleiben.

Im Gegensatz zur klassischen Management-Praxis, die Organisationsresilienz eher als die Summe der individuellen Resilienzen sieht, stimmt die Fachliteratur zumeist darin überein, dass Organisationsresilienz in Wechselwirkung mit der Organisationskultur entsteht (vgl. Hoffmann 2016, 2018) und damit eine Führungsaufgabe ist. Führungskräfte sollten daher selbst Vorbilder sein und in der Organisation eine Vertrauenskultur schaffen, in der die Prinzipien der organisationalen Resilienz auch in der Praxis umsetzbar sind. Auch dies ist, das zeigt sich gerade in Krisenzeiten, häufig Wunschdenken, weil auch Führungskräfte in der VUKA-Welt oft überfordert sind und ihre Rolle nicht entsprechend ausfüllen können oder wollen.

Die Rolle der Führungskräfte wird sich durch die Zunahme der Bedeutung der Resilienz von Organisationen perspektivisch deutlich wandeln: Da in der VUKA-Welt klassische Hierarchien als Entscheidungsträger an Bedeutung verlieren, wird die Selbstführung und Selbstorganisation der Mitarbeiter:innen deutlich an Bedeutung zunehmen, wie es in vielen basisdemokratischen Non-Profit-Organisationen heute schon der Fall ist. Wie unsere Fallbeispiele zeigen, ist das nicht nur risikoarm, sondern kann auch neue Probleme generieren.

Aktuelle Projekte

Konkrete Messinstrumente, aber auch Projekte zur Organisationsresilienz sind zurzeit noch rar. Erste Studien zur Messung organisationaler Resilienz wurden in Anlehnung an die o.g. ISO 22316 mit kleinen Stichproben vorgelegt. Dabei wird organisationale Resilienz verstanden als

> »das Zusammenwirken von verschiedenen Qualitäten einer Organisation auf der Mikro-, Meso- und Makroebene, die das Unternehmen widerstandsfähig und flexibel für die Handhabung von Belastungen und Krisen machen« (Heller et. al. 2019, S. 134 ff.).

Dabei liegt der Fokus jeweils auf der Ebene des Individuums (also der Mitarbeiter:innen und Führungskräfte), der Kooperation und der Kommunikation der Organisation nach innen und außen. Wie wir gesehen haben, machen vor allem eine unzureichende interne und externe Zusammenarbeit im Notfall eine Organisation extrem verwundbar. Dies wird in »Friedenszeiten« organisationsintern unterschätzt.

Praktische Resilienzprojekte wurden in den letzten Jahren vor allem von großen privatwirtschaftlichen Unternehmen und Konzernen initiiert. So bietet etwa SAP seinen Mitarbeiter:innen seit 2013 das zweitägige Achtsamkeitstraining »Search Inside Yourself« an. Die Idee stammt ursprünglich von Google und wurde durch eine Mitarbeiterinitiative auch bei SAP eingeführt. Weitergeben wurde die Idee danach z. B. an Siemens und die Deutsche Telekom. Dabei geht es jedoch eher um die Steigerung der individuellen Resilienz der einzelnen Mitarbeiter:innen.

SAP hat aber nicht nur positive Effekte auf sein Personal festgestellt (z. B. weniger Stressempfinden, gesteigerte allgemeine Zufriedenheit), sondern sie verzeichnen auch 200 % ROI (*Return Of Investment*) durch gestiegenes Engagement und gesunkene Fehlzeiten (vgl. Falk 2016; Machmeier 2018).

Thyssenkrupp hat mit dem Projekt »Impact Workout«, das in Zusammenarbeit mit Kathleen Sutcliffe entstand, ebenfalls einen mehrtägigen Workshop zur organisationalen Resilienz eingeführt. Hier sollen Führungskräfte lernen, die Prinzipien der HROs umzusetzen, und in ihrer Selbstbeobachtung geschult werden (vgl. Gebauer u. Kiel-Dixon 2009).

Die Bundesanstalt für Arbeitsschutz und Arbeitsmedizin (BAuA) hat ein spannendes Resilienzprojekt ins Leben gerufen: Im Projekt »TeamSafe« arbeitet ein Team mit einem Schweizer Kernkraftwerk zusammen – mit dem Ziel, ein resilienzbasiertes Schulungskonzept zu entwickeln. Dafür haben sie die Methode PUMA entwickelt (Problembeschreibung, Ursachenermittlung, Maßnahmenplanung, Ausführung), die Teams in herausfordernden Situationen anwenden sollen. Dabei werden zuerst durch Kommunikation alle relevanten Informationen innerhalb des Teams geteilt. Danach wird ein kollektiver Handlungsplan unter Moderation der Führungskraft ausgearbeitet. Diese hat auch die endgültige Entscheidungsmacht über die Durchführung des Handlungsplans. Die Methode soll ein kollektives Bewusstmachen der Stärken sowie die Ausbildung neuer Handlungsstrategien begünstigen. Die Anwendung dieser Methode in Simulationen und mit zusätzlichen Trainings soll die Kultur des Vertrauens und der Akzeptanz sowie daraus hervorgehend die organisationale Resilienz fördern (vgl. Ritz et al. 2016).

Wie wir sehen, steckt die Entwicklung organisationaler Resilienz hierzulande noch in den Kinderschuhen. Krisen, Katastrophen und Klimawandel können hier als Treiber wirken und die entsprechenden Entwicklungen beschleunigen helfen.

Gesunde und widerstandsfähige Organisationen[19]

Vor diesem Hintergrund eines noch in den Kinderschuhen steckenden Konzeptes organisationaler Resilienz scheint es uns sinnvoll, den Blick erst einmal dorthin zu wenden, wo alle Unternehmen in einer von demografischem Wandel und Fachkräftemangel betroffenen Ge-

19 Dieser Abschnitt enthält eine überarbeitete Version aus *Gesundheitsmanagement für Einsteiger* (Bentner 2018), mit freundlicher Genehmigung des Springer Gabler Verlags.

sellschaft verletzlich sind und im Zuge der Corona-Pandemie noch verletzlicher geworden sind: der Gesundheit und dem Erhalt ihres Personals.

Seit Beginn der 2000er-Jahre können wir von einem Paradigmenwechsel in der Gesundheitspolitik sprechen. Wurde Gesundheit früher als Normalfall vorausgesetzt, wobei Krankheit eine unerwünschte Abweichung darstellte, so haben sich im Zuge der nicht zuletzt durch die Globalisierung in den letzten fast 40 Jahren ausgelösten massiven Veränderungsprozesse unseres Arbeits- und Privatlebens dramatische Effekte ergeben:

Wir leben in einer alternden Gesellschaft und der demografische Wandel führt zu einem in bestimmten Bereichen und Regionen massiven Fachkräftemangel (vgl. Bentner u. Dylong 2015). Gleichzeitig sind der Arbeitsdruck und die Ansprüche an die Arbeit stetig gestiegen. Psychische Belastungen und Konflikten am Arbeitsplatz haben massiv zugenommen – und das nicht nur bei besonders belasteten Berufsgruppen wie etwa Erzieher:innen und Pflegepersonal. Während in der Arbeitswelt an der Schnittstelle Mensch-Maschine in den letzten Jahrzehnten sehr viele positive Entwicklungen und ergonomische Entlastungen Einzug gehalten haben, menschelt es in vielen Unternehmen stressbedingt: Überforderung, Gereiztheit, Ruppigkeit im sozialen Miteinander, überzogener Individualismus und Probleme mit Teamarbeit, eine dramatische Zunahme an psychischen Erkrankungen, eine abnehmende Bindung ans Unternehmen, Präsentismus einerseits und Absentismus andererseits sind nur einige Symptome, mit denen Unternehmen heute umgehen müssen und die sie oft ratlos machen.

Fehlzeiten von bis zu 30 % oder darüber sind in Behörden und (ähnlichen) Organisationen wie Verwaltungen und Kliniken keine Seltenheit. Hinzu kommen eine Abnahme der Arbeitsfähigkeit auch und gerade bei jüngeren Arbeitnehmer:innen sowie unsere klassische Wohlstandkrankheit, das metabolische Syndrom. Dabei handelt es sich um das »tödliche Quartett« aus Bluthochdruck, veränderten Blutfettwerten, Insulinresistenz und Übergewicht/Fettleibigkeit (Treier u. Uhle 2016, S. 5).

Seit 2005 stieg die durchschnittliche Anzahl an Arbeitsunfähigkeitstagen pro versicherter Person bei der BKK[20] um fast 80 % (vgl.

20 Betriebskrankenkasse.

Radtke 2021a). Häufig treten Erkrankungen des Muskel-Skelett-Systems auf, gefolgt von Atemwegserkrankungen, immer relevanter wird aber auch der Ausfall aufgrund psychischer Erkrankungen.

Hierzu verzeichnet die DAK[21] in den letzten zehn Jahren einen Anstieg der Fehltage aufgrund psychischer Erkrankungen um mehr als 50 % (vgl. DAK-Gesundheit 2021). Die Fehlzeiten durch psychische Erkrankungen erreichten im Krisenjahr 2020 einen neuen Höchststand.

Der Erhalt der Mitarbeitergesundheit und damit auch ihrer Arbeitsfähigkeit wird vor diesem Hintergrund nicht nur für kleine und mittlere Unternehmen überlebenswichtig – und damit aus unserer Sicht ein zentrales Element bei der Entwicklung organisationaler Resilienz auch außerhalb von HROs.

Mit der Vision einer gesunden Organisation ist eine neue gesundheitspolitische Zielrichtung vorgegeben, die nun in die Praxis übersetzt werden muss:

> »Die Vision betrieblicher Gesundheitspolitik ist gesunde Arbeit in gesunden Organisationen. Gesunde Organisationen fördern beides: Wohlbefinden und Produktivität ihrer Mitglieder. Die Kommission [aus Bertelsmann- und Hans-Böckler-Stiftung, Anm. d. A.] sieht die gesundheitsrelevanten Problemstellungen in den Unternehmen, Verwaltungen und Dienstleistungsorganisationen nicht mehr allein an der Mensch-Maschine-Schnittstelle, sondern insbesondere an der Mensch-Mensch-Schnittstelle: in der Qualität der Menschenführung, in der Qualität der Unternehmenskultur sowie in der Qualität der zwischenmenschlichen Beziehungen« (Badura, Walter u. Hehlmann 2010, S. 31).

Dabei kommt aus Sicht dieser Expertenkommission gerade der Arbeitswelt gesundheitspolitisch eine besondere Bedeutung zu, da sie auch auf das Privatleben zurückwirkt. Vom Leitgedanken her sollte zukünftig die Priorität noch mehr bei der *Gesundheitsförderung und Prävention* liegen, weniger bei der nachträglichen Bewältigung von Krankheiten. Gesundheitsförderung und Prävention gelten als zukünftige Führungsaufgaben, weshalb BGM-Maßnahmen am besten auf der obersten Management-Ebene verankert und nicht allein von Fachkräften in den Fachabteilungen wahrgenommen werden sollten. Wichtig ist auch, die Betroffenen zu Beteiligten zu machen und sie in die Konzepte einzubeziehen, sodass Mitarbeiter:innen also auch »bottom-up« mitwirken sollten.

21 Deutsche Angestellten-Krankenkasse.

Gesundheitsprojekte in Organisationen sollten in ihrer Ausgestaltung vielfältig sein, d. h. den unterschiedlichen Bedürfnissen und Betriebsgrößen entsprechen. Betriebe, die so verfahren, fördern die Gesundheit ihrer Mitarbeiter:innen und verbessern ihre Wettbewerbsfähigkeit und damit zumindest einen Teil ihrer Resilienz. Sie tragen zudem zur Vermeidung von Sozialversicherungsfällen (Unfälle, Behandlung, Berentung, Arbeitslosigkeit) bei, d. h. zur finanziellen Stabilisierung der sozialen Sicherungssysteme, was ihnen selbst wiederum in Form begrenzter Lohnnebenkosten zugutekommt (Bertelsmann Stiftung u. Hans-Böckler-Stiftung 2004, zit. nach ebd., S. 32).

Eines von vielen wichtigen Kriterien widerstandskräftiger Organisationen ist wie gesagt etwa eine positive Fehlerkultur, wie sie japanische Unternehmen schon früh im Rahmen ihrer kontinuierlichen Verbesserungsphilosophie in der Automobilbranche praktiziert haben, die sich nicht auf Schuldzuweisungen und die Suche nach Sündenböcken beschränkt, sondern aktiv nach Fehlerquellen sucht, um aus ihnen für die Zukunft zu lernen.

Was brauchen Menschen an Kernkompetenzen in resilienten Organisationen?

- *decision making* (Entscheidungsfindung)
- *problem solving* (Problemlösung)
- *creative thinking* (kreatives Denken)
- *critical thinking* (kritisches Denken)
- *effective communication* (wirksame Kommunikation)
- *interpersonal relationship skills* (Beziehungsgestaltung)
- *self-awareness* (Selbstbewusstsein)
- *empathy* (Einfühlungsvermögen)
- *coping with emotions* (Umgang mit Gefühlen)
- *coping with stress* (Umgang mit Stress)

Diese Fähigkeiten sollten heute präventiv trainiert werden, wenn die Organisation resilient und damit auch agil sein möchte (vgl. Amann u. Egger 2018, S. 21).

Die gesunde Organisation als Vision und Paradoxie zugleich

Organisationen werden aus systemischer Perspektive betrachtet als soziale Systeme mit formal institutionalisierter Kommunikation und einer bestimmten Struktur. Sie sind aus dieser Sicht unabhängig von konkret interagierenden Personen. Personen übernehmen vielmehr Rollen in Organisationen, z. B. als Führungskraft oder Mitarbeitende. Organisationen übernehmen in der Gesellschaft bestimmte Funktionen, z. B. werden in Wirtschaftsunternehmen (mehr oder weniger) knappe Güter über Geld verteilt und Märkte bedient oder entwickelt, während in der Politik über Macht Entscheidungen getroffen werden, die weitreichende Verbindlichkeit und Folgen nach sich ziehen (Kleve 2017, S. 356 ff.). Wichtig ist nun, dass diese Systeme ihre Funktionen immer nur sehr selektiv erfüllen und dabei ihre Kommunikation über sog. binäre Codes steuern.

> »So ist beispielsweise für die Wirtschaft nur relevant, was sich finanziell über Geld ausdrückt, und sich dem Code Haben/Nichthaben zuordnet; in der Politik zentrieren sich die Kommunikation über die Zweiseitenform von Macht/Ohnmacht« (Fuchs 1999, zit. n. Kleve 2017, S. 358).

Oftmals (und gerade im Gesundheitswesen) bedingt das eine (die politischen Entscheidungen) das andere (die Art und Weise, wie gewirtschaftet werden kann). Die Kommunikation in Organisationen folgt dabei bestimmten Regelhaftigkeiten und Mustern, die es zu verstehen und ggf. in ihren Deutungsmustern zu irritieren gilt, will man die Organisation zur Veränderung (nicht nur in gesundheitlicher Hinsicht) anregen.

Zentral für das Wirken von modernen (dezentralisierten und enthierarchisierten) Organisationen, wie wir sie u. a. auch im klein- und mittelständischen Bereich vorfinden, ist nun, dass auch sie permanent ihre Umwelt beobachten, reflektieren und für ihr Überleben relevante Entscheidungen treffen (müssen). Dass es sich hierbei um eine wahre Sisyphusarbeit für die insbesondere mittlere Führungsebene handelt, die verschiedene Anforderungen »unter einen Hut bringen« muss und die deshalb gerade das mittlere Management oft überfordert, weil diese Arbeit quasi nie endet, darauf hat der Organisationssoziologe Stefan Kühl (2015a) aufmerksam gemacht.

Dabei wird Komplexität in Organisationen (künstlich) reduziert, indem frühere Entscheidungen, auch wenn sie sich als falsch und fehlerhaft herausgestellt haben, nicht mehr hinterfragt werden. Vielmehr führt jede unternehmerische Entscheidung in der Folge zum Ermöglichen oder Verhindern weiterer richtiger oder falscher Entscheidungen. Auch dies lässt sich bei der Entstehung von Krisen und Katastrophen gut rekonstruieren. Für Organisationen resultieren daraus Widersprüche, die i. d. R. personalisiert werden – z. B., indem sie auf die Personen im Management übertragen oder in Form von Konflikten zwischen Menschen im Unternehmen inszeniert werden. Wie wir schon gesehen haben, nimmt die Tendenz zur dysfunktionalen Kommunikation und zur Konfliktträchtigkeit am Arbeitsplatz gerade in denjenigen Organisationen dramatisch zu, die von strukturellen Merkmalen wie Fachkräftemangel und Stressoren besonders betroffen sind – wie z. B. pädagogisches oder medizinisches Fachpersonal –, wenn die Organisation hier nicht massiv gegensteuert.

Das Umgehen mit Widerständen und Konflikten wird so zum *Normalzustand* in Organisationen, die mit widersprüchlichen Anforderungen ihrer relevanten Umwelten umgehen müssen. Solche – für die Resilienz von Organisationen ebenso wie das Gesundheitsmanagement »klassischen« Themen sind zum Beispiel die Arbeitssicherheit und der Arbeitsschutz, der Umgang mit dem Fachkräftemangel, alternden Belegschaften und überdurchschnittlich hohen Fehlzeiten.

Dabei lassen sich diese Phänomene aus organisationstheoretischer Sicht in Organisationen betrachten als Lösungsversuche im Umgang mit neuen komplexen Anforderungen von außen. Unternehmen können ihre Umwelt ja nicht kontrollieren, sondern sie nur beobachten und ihrer Kultur gemäß handeln. Dies ist für kleine und mittlere Unternehmen schwieriger als für Konzerne, die ihre Zielkonflikte üblicherweise gut verschiedenen Abteilungen zuordnen und so auftretende Konflikte qua Delegation behandeln können (Kühl 2015b, S. 27).

Zielkonflikte in Unternehmen führen aus systemischer Sicht zu Widersprüchen (Dilemmata, Paradoxien), die gerade in kleinen und mittleren Unternehmen häufig nicht wirklich gesehen und aufgelöst werden können und die Beteiligten oft zu einfachen Entweder-oder-Lösungen einladen (vgl. ebd., S. 26). Gerade in Veränderungsprozessen treten organisationale Widersprüche und Widerstände gehäuft auf: In Unternehmen schwer kommunizierbare Themen wie Ängste,

Überforderung und Überflutung, Verlust von Macht und Privilegien u. a. m. bilden häufig den Hintergrund für menschliches Verhalten. Widerstand rufen im Resilienzkontext insbesondere Themen hervor, die mit weitreichenden Verhaltensveränderungen einhergehen. Deshalb braucht es hier einen langen Atem und Toleranz auch für das (teilweise) Scheitern von Projekten.

Widerstand lässt sich gleichzeitig als Ressource betrachten, wenn er als solcher erkannt wird: Die Frage stellt sich, wie ein

> »selbstreferentielles System, das in seiner eigenen, selbst erzeugten (Um-)Welt lebt, lernen kann. Und dies kann es nur infolge eines internen Prozesses, denn jedes Außen beeinflusst nur dann ein Unternehmen, wenn ein Unternehmen den Einfluss intern abbildet […]«

denn

> »nur an seinen ›Widerständigkeiten‹ bemerkt ein Unternehmen die mögliche Nichtanpassung der eigenen Vorgehensweise an eine überlebensrelevante Umwelt. Organisationen können dieser Zirkularität nicht entkommen, sie können aber beeinflussen, ob ›Widerständiges‹ in die Kommunikation kommt« (Groth 2017, S. 74).

Anders gesagt: Nur über die fehlende Anschlussfähigkeit oder das ansatzweise »erfolgreiche« Scheitern lernen Unternehmen, was bei ihnen schon anschlussfähig ist und was vorsichtig ausgebaut werden sollte. Daher gilt es, gerade bei ersten Schritten zur gesunden, resilienten Organisation immer auf Widerständiges zu achten und damit zu rechnen.

Wechselwirkung von personaler und organisationaler Resilienz

Arthur und Stefan arbeiten seit vielen Jahren als Leitung und stellvertretende Leitung gut und vertrauensvoll zusammen in einer Körperschaft, in der es mitunter drunter und drüber geht. Sie gönnen sich ca. alle drei Monate ein gemeinsames Coaching bei der Beraterin, um kritische Ereignisse zu reflektieren und gemeinsame Strategien für die Zukunft zu entwickeln.

Stefan ist nun wie lange angekündigt in der Hierarchie eine Stufe nach oben befördert worden und wird zukünftig mit seiner neuen Chefin gemeinsam ins Coaching gehen, nicht mehr mit Arthur. In der letzten gemeinsamen Sitzung der beiden Männer geht es daher um Rückblick und Abschied, aber auch um Klärung der zukünftigen, anders gearteten Zusammenarbeit, da auch Arthur um eine Stufe höher aufsteigen wird in der Organisation, jedoch in einem anderen Bereich.

Thematisch möchten beide heute zurückschauen auf die gemeinsame Arbeit im Coaching, sie haben folgende Fragen mitgebracht:

- Was war?
- Wie war es?
- Was nehme ich/was nehmen wir mit?

Die beiden Männer haben in der Vergangenheit viele Krisen und Herausforderungen zusammen gestemmt und überstanden, wenn auch nicht ohne – teilweise massive – Blessuren und gesundheitliche Beeinträchtigungen. Man kann sagen, dass in dem Bereich der Körperschaft, in dem sie bisher tätig waren, schwere und langwierige Erkrankungen von Führungskräften und Mitarbeitenden an der Tagesordnung sind. Beide Coachees waren davon auch betroffen. So kommen wir auf das Thema Resilienz. Die Beraterin erläutert kurz den aktuellen Forschungsbefund, dass bei »gelingender« Resilienz sich sog. Risikofaktoren und Schutzfaktoren in etwa die Waage halten sollten. Da es im Organisationskontext dieser Körperschaft von Risikofaktoren nur so wimmelt, möchten beide sich zunächst einer Sammlung organisationaler Risikofaktoren widmen – deshalb, weil diese Faktoren beiden Führungskräften in der Vergangenheit das Leben schwergemacht haben. So zeigt ein Blick auf die Geschichte und Kultur der Organisation, die vor über 20 Jahren in einem sehr schwierigen »Geburtsprozess« aus einer anderen Körperschaft herausgelöst wurde, dass trotz verschiedener Versuche der Organisationsentwicklung von »ganz oben« eigentlich strukturell nicht allzu viel passiert ist: Es gibt wenig Gemeinsames in ihrem Bereich, stellen beide fest, es herrscht eher noch immer ein »Säulen-Denken« der Führungskräfte vor, es dominiert stellenweise noch die Führungskultur des »Jeder macht, was er will«. Auffällig ist auch die hohe Fehlzeitenquote von Leitungskräften und Personal, die Beziehung zu »ganz oben« ist schlecht, der Umgangston dort oben rustikal usw.

Die Beraterin bietet an dieser kritischen Stelle, wo die Gefahr besteht, dass die Führungskräfte auf der Suche nach den (strukturellen) Risikofaktoren von den unbearbeiteten Problemen ihrer Organisation überflutet werden, die Fokussierung auf die acht Aspekte der (personalen) Resilienz an (vgl. Abb. 23), die als Visualisierung einfach auf dem Boden ausgelegt werden. Sie bittet beide Männer, sich diejenigen Aspekte der Resilienz auszuwählen, von denen sie glauben, dass sie ihnen geholfen haben, persönlich so gut wie möglich durch die vielen kritischen Situationen hindurchzukommen.

Beide nehmen diesen Vorschlag begeistert auf, und sofort ändert sich die Stimmung: Stefan berichtet, wie ihm während seiner lebensbedrohlichen Langzeiterkrankung vor einigen Jahren in seiner Funktion die Fokussierung auf Optimismus, Zukunftsgestaltung und eine klare Lösungsfokussierung geholfen haben zu überleben. Außerdem hat er mehr Selbstfürsorge gelernt und praktiziert sie bis heute, insbesondere in Form gesunder Abgrenzung. Er berichtet, dass er durch seine lange Erkrankung angefangen habe, über seinen Familienkontext zu reflektieren, das habe er vorher vermieden, und es tue ihm gut. Er sei dadurch in Kontakt mit familialen Ressourcen gekommen, die ihm vorher nicht bewusst waren und ihm seither geholfen haben, seine Resilienz zu stärken.

Für Arthur erwies sich der Resilienzfaktor Lösungsorientierung als Rettungsanker, besonders zu Beginn seiner Leitungstätigkeit, als er »in einen großen Haufen Probleme« hineingerutscht sei. Er habe versucht, mittels Klarheit und Transparenz sein Leitungsprofil zu konturieren und den Mitarbeitenden eine Struktur zu bieten. Dabei habe ihm auch der Fokus auf die konstruktive Beziehungsgestaltung langfristig geholfen, am Anfang sei es eher schwierig gewesen, Vertrauen zu den Mitarbeitenden aufzubauen.

Beide Leitungskräfte reflektieren auch die Bedeutung des Resilienzfaktors Akzeptanz als Lernfeld. Sie hätten beide lernen müssen, bestimmte Dinge in der Körperschaft erst einmal so hinzunehmen und anzuerkennen, was sie nicht verändern können.

Fazit: Wir sind im Coaching also über die Rekonstruktion der Geschichte ihrer Organisation sowie deren strukturellen Kontext fast automatisch von der personalen zur organisationalen Resilienz und wieder zurückgereist. Hilfsmittel dabei waren die Visualisierungen des Resilienzkreislaufs (vgl. Abb. 23). Dabei war durchaus ein Blick auf die strukturellen Risikofaktoren wichtig, bei denen wir jedoch nicht stehen geblieben sind. Zum Abschluss unserer Zusammenarbeit hielten wir fest, wie wichtig es sein kann, den organisationalen Kontext als Kompass zu nutzen, um in dieser Körperschaft nicht unterzugehen. Für die Zukunft planen beide an ihrer jeweiligen Stelle mehr Maßnahmen zur jeweiligen Team-, Führungskräfte- und Organisationsentwicklung.

Salutogenese und positive Psychologie zur Stärkung der Resilienz in Organisationen

Der Begründer der Salutogenese, Aaron Antonovsky (1923–1994), formulierte die Grundsätze für eine gesunde Organisation so: Man ist auf einem guten Weg zur Gesundheit, wenn in der Lebens- und Arbeitswelt Handlungen und Abläufe für die Beteiligten nachvollziehbar und *verstehbar* sind, wenn sie sie als strukturiert und *bedeutsam* empfinden und Aufgaben und Herausforderungen als *handhabbar* identifizieren können. Das sog. Kohärenzgefühl entsteht aus diesen Komponenten und sollte als Führungskompass für jede Organisation dienen. Des Weiteren können die drei Komponenten des Kohärenzgefühls wichtige Hinweise auf Verhaltensweisen im Arbeitskontext geben (Mette u. Harth 2017).

Das Gefühl von Verstehbarkeit: Menschen benötigen klare und konsistente Informationen, um diese kognitiv verarbeiten zu können. Arbeitsaufgaben, aber auch Rahmenbedingungen, müssen klar abgesteckt werden.

Das Gefühl von Handhabbarkeit: Menschen benötigen das Gefühl, ihre anstehenden Aufgaben bewältigen zu können. Durch Feedback können Führungskräfte ihre Mitarbeitenden in diesem Gefühl stärken.

Das Gefühl von Bedeutsamkeit: Menschen benötigen das Gefühl eines emotional sinnvollen Lebens, welches durch den Beruf, aber auch durch Kolleg:innen oder Führungskräfte gestärkt werden kann.

Zum Kohärenzgefühl im Arbeitskontext gibt es einige Forschung, die belegt, dass sich das Kohärenzgefühl positiv auf die Gesundheit von Arbeitenden auswirkt. Beispielsweise lässt sich das Kohärenzgefühl durch betriebliche Interventionen im Rahmen der Verhaltensprävention trainieren und somit stärken (ebd.).

Gesundheit ist aus dieser Sicht kein absoluter Zustand, sondern spielt sich stets auf einem Kontinuum zwischen Gesundheit und Krankheit ab: Wir können in manchen Bereichen krank und in anderen gleichzeitig gesund sein. Ziel jeder Art von Gesundheitsmanagement muss es sein, dass auftretende Stressoren bewältigt werden können, ohne dass Menschen daran erkranken. Das ist in der heutigen Zeit eine große Herausforderung.

In den letzten 10 Jahren ist die Anzahl an Arbeitsunfähigkeitstagen aufgrund einer Burn-out-Diagnose stark angestiegen (vgl. Radtke 2021b). Nach einer Statista-Umfrage zur Branchenzugehörigkeit sehen sich Arbeitnehmer:innen aus sozialen Bereichen sowie aus der Verwaltung und dem Dienstleistungssektor am meisten gefährdet, an einem Burn-out zu erkranken (vgl. Kunst 2020).

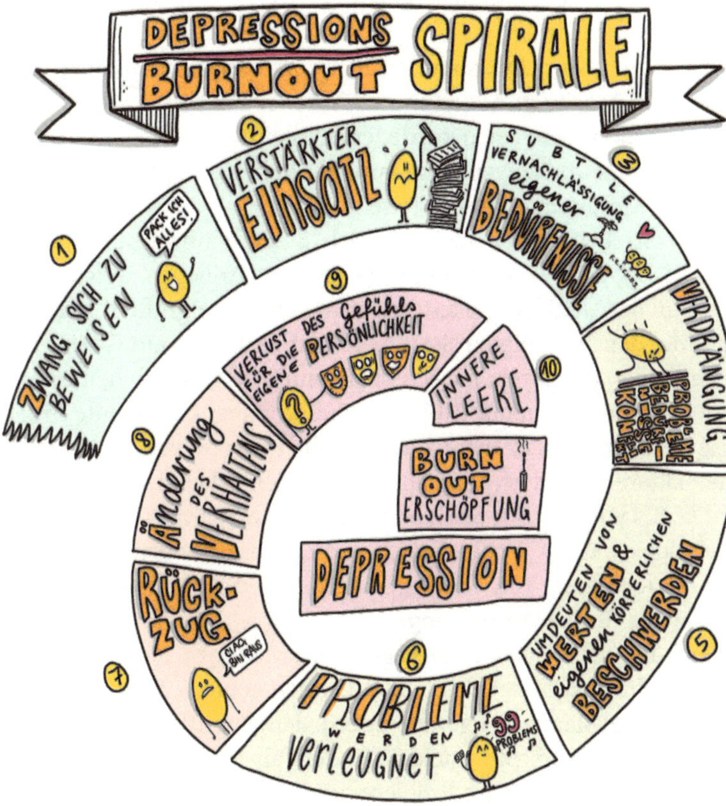

Abb. 29: Die Burn-out-Spirale

Den Begriff Burn-out (Ausgebranntsein) gibt es schon seit den 1970er-Jahren, er wurde von dem amerikanischen Psychoanalytiker Herbert J. Freudenberger (1974) geprägt. Eine der Kerndimensionen von Burn-out ist die emotionale Erschöpfung. Sie ist ein wichtiger Indikator für das psychische Wohlbefinden von Personen. Wie die Burn-out-Spirale zeigt (s. Abb. 29), ist der Weg zum Ausgebranntsein mehr als nur eine Stressfolge: Burn-out hat viele auslösende

Faktoren. Brühlmann (2010) beschreibt Gesellschafts- sowie Wirtschaftskrisen, aber auch betriebliche Effizienz und den enormen Leistungsdruck als auslösende Faktoren. Daher liegt die Burn-out-Prävention nicht nur in der Verantwortung des Einzelnen, sondern sollte ebenfalls von organisationaler Seite mit übernommen werden. Frauen scheinen – vor dem Hintergrund unrealistisch hoher Ansprüche an sich selbst – besonders gefährdet zu sein, an einem Burn-out zu erkranken.

Der Erfolg von Unternehmen hängt u. a. auch davon ab, wie zufrieden die Arbeitnehmer an ihrem Arbeitsplatz bzw. im Unternehmen sind. So melden sich zufriedene Arbeitnehmer unter anderem seltener krank und zeigen insgesamt ein höheres Engagement sowie seltenere Kündigungen (Stepstone 2013).

Das Streben nach Glück ist nach Steel, Schmidt und Schultz (2008, S. 138) ein wesentliches menschliches Anliegen, welches sich bereits in der Unabhängigkeitserklärung einer der größten Nationen der Erde, den Vereinigten Staaten von Amerika, als ein Grundrecht wiederfindet. Die psychologische Forschung befasst sich heute mehr denn je mit dem Thema Glück und liefert dabei konsistente Ergebnisse dazu, dass Glück nicht ausschließlich durch soziale und genetische Faktoren, sondern ebenfalls durch eigenes Handeln beeinflusst wird (z. B. Lyubomirsky, Sheldon a. Shkade 2005, S. 121). Die Positive Psychologie hat mit Wohlbefinden und Lebenszufriedenheit Konzepte zur Erforschung von Glück etabliert. Sie entwickelte sich zeitlich parallel zur Resilienzforschung.

Der Begriff *Positive Psychologie* wurde ab 1954 durch Abraham Maslow, einen Vertreter des Humanismus, geprägt. Viele Jahre später etablierte Martin Seligman (2004) den Begriff im Sinne eines eigenständigen Forschungsfeldes. Anders als etwa in der Klinischen Psychologie, wo eine klare Problem- und Pathologieorientierung vorherrscht, wird in der Positiven Psychologie der Fokus besonders auf die Ressourcen von Individuen gelegt. Hierzu zählen Eigenschaften, Einstellungen und Verhaltensweisen, die als positive Aspekte des menschlichen Seins verstanden werden (Schmitz, Lang u. Linten 2018). Die Entwicklung solcher Ressourcen kann zur Förderung von Gesundheit und zur Krankheitsprävention beitragen. Daher kann die Positive Psychologie auch für das BGM in Unternehmen relevant sein.

So konnten beispielsweise Seligman, Schulman, DeRubeis und Hollon die Wirksamkeit von Optimismus zur Prävention einer Depression belegen (vgl. Seligman et al. 1999, S. 9–17). Gesundheit verstehen Wissenschaftler:innen in der heutigen Zeit fachrichtungsübergreifend als ein ganzheitliches Kontinuum (vgl. Antonovsky 1997). Die Weltgesundheitsorganisation (WHO) definierte bereits 1946 in ihrer Verfassung Gesundheit als

> »Zustand vollkommenen körperlichen, geistigen und sozialen Wohlbefindens und nicht allein das Fehlen von Krankheit und Gebrechen« (WHO 1998, S. 1)

und erweiterte später die Definition:

> »Gesundheit steht für ein positives Lebenskonzept, das die Bedeutung sozialer und individueller Ressourcen für die Gesundheit ebenso betont wie die körperlichen Fähigkeiten« (WHO 1998, S. 2).

Die Positive Psychologie befasst sich unter anderem intensiv mit Konzepten, die eine gute Lebensführung beschreiben und erklären sollen. Nach Veenhoven (2003, S. 374–375) ist eine Unterscheidung zwischen den *Wegen* zu einem guten Leben und dem *Ergebnis* einer guten Lebensführung wichtig. Das Forschungsinteresse in Bezug auf das gute Leben lag bisher vor allem bei jenen Faktoren, die als Ergebnis positiver Lebensgestaltung definiert werden. Hierzu zählen z. B. Konzepte des subjektiven Wohlbefindens und der Lebenszufriedenheit. Ein ganzheitliches Modell, das Einstellungen und Strategien einer aktiven und bewussten Lebensgestaltung mit dem Ziel der Lebenszufriedenheit integriert, wurde durch Schmitz mit dem Konzept der Lebenskunst in der Positiven Psychologie eingeführt (vgl. Schmitz, Lang u. Linten 2018). Um ein Bewusstsein für die eigenen Wege zum Glück zu entwickeln, eignen sich positive Interventionen wie Resilienz- oder Lebenskunsttrainings. Sin und Lyubomirsky (2009, S. 467–487) konnten im Rahmen einer Metaanalyse die Effektivität von positiven Interventionen zur Verringerung von Depressivität und zur Verbesserung des Wohlbefindens berichten. Diese Ergebnisse bestärken die Eignung positiver Ressourcen dazu, dysfunktionale Zustände zu verringern. Es ist also auch im Interesse eines Arbeitgebers, seine Mitarbeiter:innen zur Entwicklung von positiven Ressourcen zu ermuntern und sie dabei zu unterstützen. Denn zufriedene und glückliche Mitarbeiter:innen sind gesünder und minimieren daher wirtschaftliche Risiken durch krankheitsbedingte Fehlzeiten oder Kündigungen.

Das PERMA-Modell des Wohlbefindens

Das sog. PERMA-Modell (s. Abb. 30) wurde von Seligman (2004) konzipiert und versucht zu erklären, was Menschen (nicht nur) in Krisen brauchen, um wieder aufzublühen (Blickhan 2017). Das Konzept beinhaltet fünf Aspekte, die dafür hilfreich sind:

- **P** für positive Emotionen
- **E** für Engagement
- **R**(elationship) – für die Gestaltung von konstruktiven Beziehungen
- **M**(eaning) – für Sinnstiftung und Bedeutungsgebung und
- **A**(ccomplishment) – für das Gelingen und Erleben von Erfolg

In Organisationen kann man gerade nach Krisen die Resilienz von Führungskräften und Mitarbeiter:innen aus unserer Erfahrung besonders in Workshops und Seminaren mithilfe des PERMA-Modells gut unterstützen und einem Abdriften in Hoffnungslosigkeit und Depressivität vorbeugen.

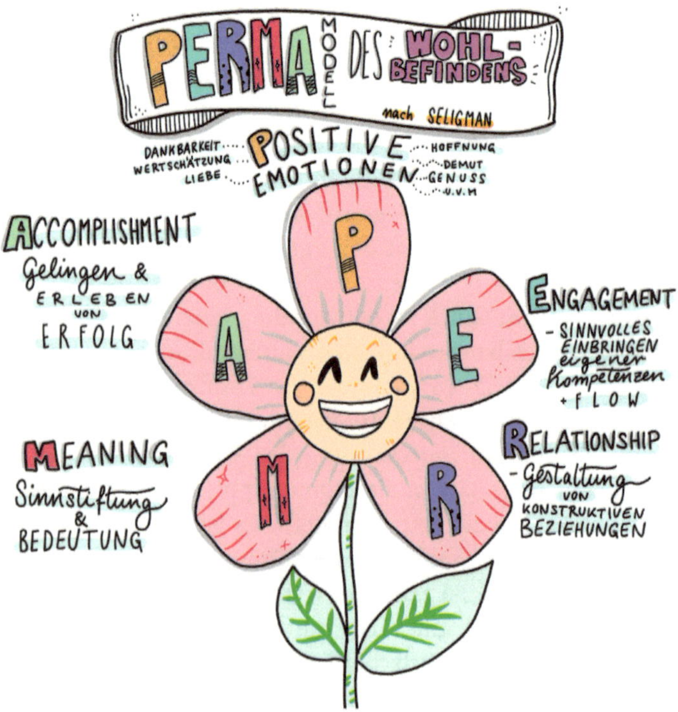

Abb. 30: Aufblühen mit dem PERMA-Modell

Das PERMA-Modell als Workshop-Tool in Organisationen

Eine Gruppe von Führungskräften konnte wegen der Corona-Pandemie nur unregelmäßig und remote an dem drei bis vier Mal pro Jahr stattfindenden Gruppencoaching teilnehmen. Es war für alle Beteiligten mühsam, zumal sie auch ihre Teams lange nicht in Präsenz gesehen hatten. Als sich zum Ende des zweiten Lockdowns abzeichnete, dass bald ein Arbeiten in Präsenz wieder möglich sein dürfte, entschloss sich der Coach, ihnen quasi zur Rückkehr in die Normalität das PERMA-Modell als Coaching-Workshop-Tool virtuell anzubieten. Nach einer Vorstellung des Konzeptes der Positiven Psychologie konnte die Gruppe gleich in die konkrete Kleingruppenarbeit mit den einzelnen Schritten des Modells einsteigen.

Es zeigte sich schnell, dass alleine die Fokussierung auf die Stärken der Führungskräfte (nicht nur in der Krise) und auf positive Aspekte (»P«) sehr viel Entlastendes mit sich brachte, wo die Führungskräfte bisher gewöhnt waren, vor allem auf das zu fokussieren, was (nicht nur in der Krise) nicht funktionierte. Schon dieser Perspektivwechsel entlastete die Teilnehmenden sichtbar und spürbar, und gerade vor dem Hintergrund der vielen kritischen Ereignisse in der Corona-Zeit erlebten sie das als sehr wohltuend. Die Gruppe erlebte ein mentales »Aufblühen« nach der Krise. Auch die Recherche nach guten Gefühlen in schweren Zeiten brachte plötzlich viele Ressourcen der Führungskräfte ans Licht, die in den früheren Sitzungen nie Thema gewesen waren. Die Stimmung in der Gruppe, die vorher oft negativ war, verbesserte sich tatsächlich »schlagartig«, und die Führungskräfte berichteten, sie hätten sich nach dieser Arbeit besser gefühlt als zuvor.

5 Chancen und Risiken der Beschleunigung[22]

Aus historischer Sicht lassen sich verschiedene Treiber für den gesellschaftlichen Wandel der Moderne identifizieren, dessen Tempo sich durch die gegenwärtigen weltweit auftretenden Krisen, Katastrophen und den Klimawandel, aber auch durch die Digitalisierung gerade exponentiell zu entwickeln scheint: Zum tieferen Verständnis dieser Entwicklungen wollen wir kurz innehalten und eine etwas andere Sicht auf das Thema vorstellen. Der Soziologe Hartmut Rosa hat sich intensiv mit den Veränderungen der Zeitstrukturen in der Moderne auseinandergesetzt.

Rosa (2005, S. 11). Macht uns gleich zu Beginn auf ein Paradox unseres Lebensstils aufmerksam: Obwohl wir mithilfe modernster Technik eigentlich freie Zeit gewinnen müssten, erleben wir zunehmend Stress, Hektik und das Gefühl chronischer Zeitnot.

Dieses Gefühl, Chancen zu verpassen, wird neuerdings unter dem Akronym FOMO (*Fear Of Missing Out*) medial inszeniert. Dem gegenüber stehen eine Fülle von Produkten, Techniken und Dienstleistungen, die uns vermeintlich oder tatsächlich helfen sollen, Zeit einzusparen, uns besser zu organisieren, und uns mehr freie Zeit ermöglichen. Aber irgendwie kommt diese nicht bei uns an oder wir nehmen sie subjektiv zumindest nicht als solche wahr:

> »In der Alltagsperspektive moderner Gesellschaften schließlich erscheint, wie jedermann aus eigener Erfahrung weiß, Zeit als grundlegend paradox insofern, als sie in nahezu allen Alltagspraktiken durch den immer raffinierteren Einsatz moderner Techniken und organisatorischer Planung in immer größeren Mengen eingespart wird, dabei aber keineswegs ihren Charakter der Knappheit verliert. Ganz im Gegenteil: Je mehr Zeit wir sparen, desto weniger haben wir« (ebd., S. 43).

Wie aktuell und paradox diese Haltung gegenüber der Zeitlichkeit ist, wird in der Differenz zu Aussagen vergangener Jahrzehnte deutlich: Hartmut Rosa führt an, dass das Life-Magazine noch 1964 vor einem bevorstehenden, massiven Zeitüberfluss und den daraus resultierenden Folgen in der modernen Gesellschaft warnte.

---

22 Dieses Kapitel enthält überarbeitete Passagen aus *Gesundheitsmanagement für Einsteiger* (Bentner 2018), mit freundlicher Genehmigung des Springer Gabler Verlags.

Was lässt sich daraus ableiten? Zunächst, dass die Wahrnehmung von Zeitlichkeit und Zeitstrukturen von vielen sozialen, gesellschaftlichen, kulturellen Faktoren geprägt ist und in der Regel über das Subjekt hinausgeht:

> »Zeitstrukturen sind kollektiver Natur, gesellschaftlichen Charakters; sie treten den handelnden Individuen stets in solcher Faktizität entgegen« (ebd., S. 15).[23]

Zeit ist für uns in der Spätmoderne ein genuiner Begleiter, wir können uns fast nicht vorstellen, wie eine andere Wahrnehmung von Zeit in vergangenen Epochen ausgesehen hat. Dennoch ist das Zeitbewusstsein im Sinne von etwas Linearem mit offener Zukunft ein Zeichen für unsere Epoche der Spätmoderne:

> »Demgegenüber setzt sich in der stärker ausdifferenzierten Gesellschaft der Neuzeit allmählich ein lineares Zeitbewusstsein durch, das den Zeit-Kreis[24] durch eine irreversible Linie aus der Vergangenheit durch die Gegenwart in die Zukunft ersetzt« (ebd., S. 27).

Beschleunigung lässt sich in diesem Kontext als Merkmal moderner Gesellschaften betrachten. Wenn wir unseren Alltag betrachten, lassen sich diese Formen der Beschleunigung an unzähligen Stellen entdecken:

Wir konnten in der Pandemie quasi einen digitalen »Beschleunigungsboost« live miterleben: Viele Branchen und Unternehmen waren und sind mit der Umstellung auf digitale Dienstleistungen beschäftigt und nutzen vermehrt digitale Innovationen, was zu einer Zunahme an Parallelitäten geführt hat und an vielen Stellen Prozesse beschleunigte: Seminare, Konferenzen und Unterricht wurden von Präsenz- in Remote-Settings überführt, Messen wurden online gestaltet (mit einem breiten Angebot) etc.

So war es für viele von uns an etlichen Stellen möglich, mehr Termine an einem Arbeitstag wahrzunehmen. Aber Beschleunigungs-

23 Siehe hierzu auch: »Zeitsoziologische und -ethnologische Untersuchungen liefern hier einen übereinstimmenden Befund, der zwei wesentliche Kenntnisse enthält: Erstens, nicht nur Zeitmessungen, sondern auch Zeitwahrnehmungen und Zeithorizonte sind in höchstem Maße kulturabhängig und ändern sich mit der Sozialstruktur von Gesellschaften« (Rosa 2005, S. 26).

24 Beispielsweise die Ausrichtung der Zeitstrukturen an wiederkehrenden Mondzyklen oder Ernteperioden: »In segmentäre und frühen ständisch differenzierten Gesellschaften dominiert nach dieser Konzeption dann ein zyklisches Zeitbewusstsein, in dem Zeit als Kreislauf immer wiederkehrender Prozesse und Zustände erfahren wird« (Rosa 2005, S. 26 f.).

tendenzen zeigen sich mannigfaltig: Geschwindigkeitsrekorde im Sport, neue, leistungsstärkere Smartphones in kurzen Intervallen, die durchschnittliche Essensdauer oder Wechsel der Intimpartner haben im Vergleich zu vergangenen Epochen zugenommen (ebd., S. 112).

Dimensionen sozialer Beschleunigung

Nach Rosa sollte die Idee einer sozialen Beschleunigung in drei verschiedene Dimensionen unterteilt werden, die für ihn inhaltlich und analytisch getrennt sind (ebd., S. 124) (s. Abb. 31):

Die technische Beschleunigung

Unter technischer Beschleunigung wird die »intentionale, technische und vor allem technologische (d. h. maschinelle) Beschleunigung zielgerichteter Vorgänge« verstanden (ebd.). Hierbei geht es um die klassischen Beispiele, die uns einfallen, wenn wir an Fortschritt und Beschleunigung denken: die revolutionäre Wirkung durch Eisenbahn, Automobile oder Flugzeuge; aber auch die Beschleunigung der Kommunikationsgeschwindigkeiten durch die Möglichkeiten zur asynchronen Kommunikation mithilfe von Mailverkehr oder Anrufbeantwortern, sodass »kommunikative Interaktionen jederzeit und unabhängig vom jeweiligen Ort der Gesprächspartner möglich sind« (ebd., S. 127). Mit dieser Dimension der sozialen Beschleunigung sind wir tagtäglich konfrontiert: Es gibt neue Apps, die uns vermeintliche Zeitressourcen einzusparen helfen sollen oder zur rascheren Herstellung und Produktion beitragen. Ein weiteres Beispiel, welches sein volles Wirkungspotenzial (hypothetisch) noch nicht entfaltet hat, ist die Technik des 3D-Drucks für die beschleunigte Herstellung von Prototypen oder Ersatzteilen.

Die Beschleunigung des sozialen Wandels

Eine weitere Dimension sozialer Beschleunigung erkennt Rosa in der Beschleunigung des sozialen Wandels. Hierunter versteht er das Tempo, in dem sich Handlungsorientierungen, Beziehungsmuster und Assoziationen verändern (vgl. ebd., S. 129):

> »Von der Erfindung des Rundfunkgeräts Ende des 19. Jahrhunderts bis zu seiner Verbreitung auf 50 Millionen Empfänger dauerte es 38 Jahre; das ein gutes Vierteljahrhundert später eingeführte Fernsehen benötigte

dafür nur noch 13 Jahre, während es vom ersten bis zum 50-millionsten Internetanschluss nur noch vier Jahre dauerte« (ebd., S. 129 f.).

In der Dimension der Beschleunigung des sozialen Wandels geht es um das Tempo der Verbreitung innerhalb der Gesellschaft, was beispielsweise bedeutet, dass eine soziale Gruppe ihre Handlungsmuster dahingehend ändert, dass sie eine neue Technik nutzt.

Rosa nutzt in seinem Werk auch eine visuelle Metapher, um diese Veränderungsprozesse unter der Perspektive einer Beschleunigung des sozialen Wandels zu illustrieren: Er verwendet den Begriff der »Gegenwartschrumpfung« (ebd., S. 131). Gegenwart bezeichnet hier den Zeitraum, in dem »Erfahrungsraum und Erfahrungshorizont unverändert, und damit deckungsgleich sind« (ebd.). Der Zeitraum der Gegenwart beschreibt hier eine Form von Stabilität und Sicherheit, somit auch eine gewisse Vorhersagekraft für die unmittelbare Zukunft.[25] Dieser Zeitraum der Stabilität und der Gegenwart wird im beschleunigten sozialen Wandel stetig kürzer und »schrumpft« sozusagen mit Zunahme der Transformationsgeschwindigkeit (ebd., S. 133). Der Zeitraum von subjektiv und kollektiv empfundener »stabiler« Gegenwart wird in Anlehnung an diese Metapher immer kleiner.

Die Beschleunigung des Lebenstempos

Die Beschleunigung des Lebenstempos kann unterteilt werden in einen objektiven und einen subjektiven Bereich (ebd., S. 135). Im objektiven Bereich sehen wir Beschleunigungen, die eine »*Verkürzung oder Verdichtung von Handlungsepisoden*« (ebd.) beinhalten und die wir in der Gesellschaft gut messen können: beispielsweise die Verringerung von Essens- und Schlafenszeiten oder die Verringerung der Kommunikationsdauer innerhalb der Familie. Die Beschleunigung kann hier durch drei Arten entstehen, die ebenfalls den Nerv der Zeit treffen und uns im (Arbeits-)Alltag begleiten:

25 Spannend ist hier auch die Idee der »Ungleichzeitigkeit des Gleichzeitigen« (ebd., S. 132). Unsere spätmoderne und globalisierte Gesellschaft ist unter der Perspektive der Annahme einer Gegenwart stets durch Ungleichheit und Ungleichzeitigkeit geprägt: »Was in einem geografischen oder sozialen Raum noch gilt, hat bereits in einem anderen seine Gültigkeit verloren, was hier schon realisiert ist, steht dort noch im Horizont der Zukunft« (ebd.). Diese Idee der Ungleichzeitigkeit erfahren wir in unserem Alltag an vielen Stellen, z. B. merken wir im Urlaub, dass mobiles Bezahlen schon in vielen Ländern zur Alltagspraktik gehört und das Verhältnis zum Bargeld different ist im Vergleich zu Deutschland, oder wir sehen Modetrends in anderen Kontinenten, die langsam, aber stetig in unserer Kleidungswahl ankommen.

- Ich mache die Tätigkeiten im Alltag einfach bewusst oder unbewusst schneller.
- Ich verringere meine Pausen und Erholungszeiten, sodass ich mehr in kürzerer Zeit schaffe.
- Ich probiere, mehrere Tätigkeiten gleichzeitig auszuführen (Stichwort: Multitasking).

Im subjektiven Bereich lässt sich die Beschleunigung des Lebenstempos in der Gefühlswelt und im Alltagsbewusstsein durch die schon erwähnten Wahrnehmungen von Zeitnot, Zeitdruck und Beschleunigungszwängen beschreiben (ebd., S. 136).

Dies spiegelt sich u.a. in den bereits im vorigen Kapitel aufgeführten Zahlen zu den stressinduzierten Erkrankungen, aber auch in verschiedensten Studien: So zeigte sich z.B. in einer Studie der Techniker Krankenkasse 2016 zum Thema »Entspann dich, Deutschland!«, in der 1.200 Teilnehmer zu ihrer Stressbelastung und ihren Entspannungsstrategien in Alltag, Freizeit und Beruf befragt wurden: 23 % der Befragten fühlten sich *häufig* gestresst und 38 % stimmten der Aussage zu, *manchmal* gestresst zu sein unabhängig, ob beruflich oder privat (vgl. Hombrecher u. Wohlers 2016, S. 4 u. 6). Auf die Frage, welche Ursachen am häufigsten zu einem Stress-Erleben führen, gaben 39 % der Männer und 54 % der Frauen (Mehrfachnennungen waren möglich) den Bereich der Arbeit als häufigste Ursache an. So findet sich auf dem Platz 2 die Tendenz, *zu hohe Ansprüche an sich* selbst zu stellen, auf Platz 4 wird die *ständige Erreichbarkeit* benannt und auf dem Platz 12 ist der *Arbeitsweg als Stressor* angegeben (vgl. ebd., S. 13). Insgesamt zeigt der Stressreport, dass das individuelle Stressempfinden der Arbeitnehmer:nnen ein relevantes Thema für das subjektive Wohlbefinden darstellt, was sich durch die Pandemie noch verstärkt haben dürfte (vgl. ebd., S. 2).

Zusätzlich zu diesen sozialen Beschleunigungstendenzen werden wir seit Beginn der 1990er-Jahre zunehmend begleitet von sehr unerwarteten, überraschenden und oftmals hochkritischen Ereignissen wie dem Mauerfall (1989), Terroranschlägen (9/11), dem Abzug der Amerikaner aus Afghanistan und der erneuten Machtübernahme durch die Taliban (2021), Naturkatastrophen (Tsunami 2008, Fukushima 2011, Ahrtal 2021), wirtschaftlichen Zusammenbrüchen (Finanzkrise 2008 und 2015) und aktuell der Corona-Pandemie.

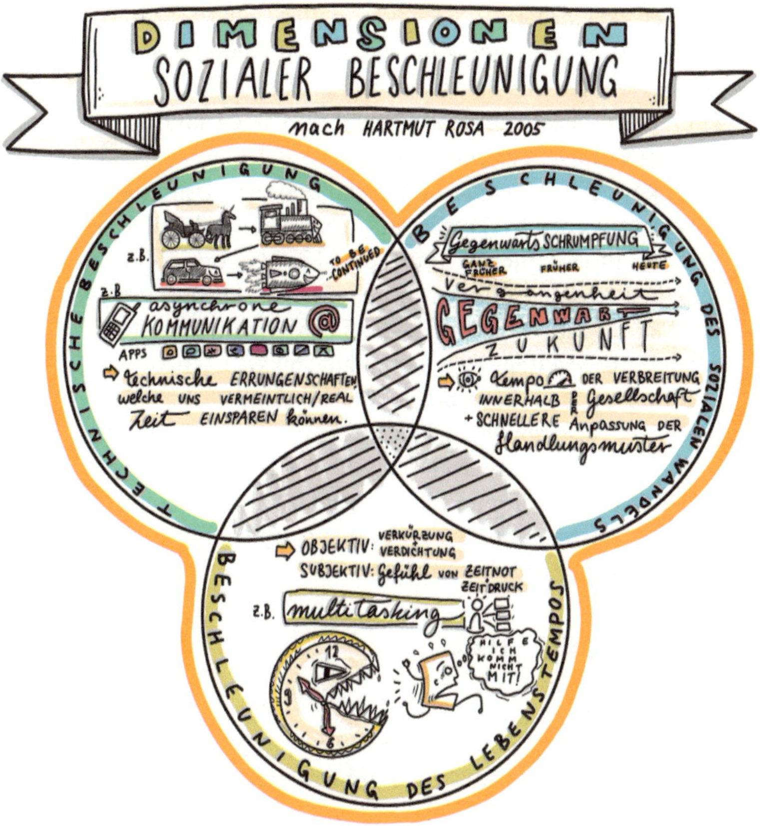

Abb. 31: Drei Dimensionen sozialer Beschleunigung

Diese emotional schwer erträglichen kritischen Weltereignisse lösen bei uns massiven Stress aus und führen zur »*Zerschlagung der Gewissheit*« (Rödder 2017, S. 34), dass wir unsere Umwelt kontrollieren könnten.

Dies zeigte sich auf der politischen Weltbühne dramatisch im Juli 2021 durch die weltweit für alle Experten und politischen Institutionen völlig überraschende blitzschnelle Machtübernahme durch die Taliban nach dem vorschnellen Abzug der Amerikaner:innen aus Afghanistan, die dazu führte, dass diese die Zugänge zum Flughafen Kabul abriegelten und Ausreisen von westlichen Armeeangehörigen und ihren afghanischen Helfer:innen, aber auch Familien fast unmöglich wurden.

Die Herausforderung für alle Beteiligten besteht nun darin zu ermöglichen, Uneindeutigkeit, Unsicherheit und Komplexität »*als Grundbedingung anzunehmen und auszuhalten*« (ebd.). Genau das fällt unseren (zumindest den in Sicherheit und Wohlstand sozialisierten) westlichen Gehirnen extrem schwer.

Wie können unter diesen Umständen also Unternehmen, ihre Mitarbeiter:innen und Teams mit den neuen Herausforderungen umgehen? Eine Untersuchung der Hans-Böckler-Stiftung (2011) hat ergeben, dass die Kosten infolge von Arbeitsbelastungen durch psychische Erkrankungen inkl. der Folgeerkrankungen sich auf ca. 7,1 Mrd. Euro belaufen. Der geschätzte volkswirtschaftliche Schaden liegt bei ca. 19 Mrd. Euro pro Jahr noch deutlich höher. Für Unternehmen ist es also notwendig, sich über nachhaltige qualitätssichernde und gesundheitsfördernde Maßnahmen Gedanken zu machen und konkrete Maßnahmen zu ergreifen, um langfristig ihr Personal als wichtige unternehmerische Ressource und somit auch das Unternehmen an sich gesundzuerhalten.

Wunderwaffe VUKA?

Das englischsprachige Akronym VUCA[26] steht für die Begriffe *Volatility, Uncertainty, Complexity* und *Ambiguity* und tauchte erstmals 1988 im Kontext der Ausbildungscurricula der US-Army auf, die sich gegen Ende des Kalten Krieges mit neuen Herausforderungen wie dem fundamentalistisch-religiös motivierten Terrorismus, dezentral agierenden Guerilla-Kommandos und Kriegsfolgen beschäftigen mussten (hierzu und im Folgenden vgl. Alamir 2020, S. 88 ff.). Interessanterweise hat das VUKA-Paradigma zwar im westlichen Management seither einen fast kometenhaften Beliebtheitsaufstieg erlebt, ist aber gleichzeitig bis heute im sicherheitspolitischen und militärischen Diskurs der NATO und EU ohne größere Bedeutung geblieben. Möglicherweise entstand VUKA zunächst als Gegenentwurf zur militärischen Überschaubarkeit der in Gut und Böse gespaltenen Weltordnung des Kalten Krieges, der sich schon damals zu einem großen Teil in Afghanistan abspielte. Sicher ist, dass VUKA ein Beliebtheits-Millenial ist und als Paradigma seit der Jahrtausendwende den Nerv der Zeit trifft.

26 Im Deutschen: VUKA = Volatilität, Unsicherheit, Komplexität und Ambiguität.

Im Akronym VUKA wird der Nerv unserer beschleunigten Moderne perfekt akzentuiert: Wir leben in einer globalisierten, hochgradig technologisierten Welt der Parallelität. Das VUKA-Paradigma ist geprägt von den Annahmen der mannigfaltigen Beschleunigung und der daraus resultierenden Unsicherheit, mit Krisen nicht adäquat umgehen zu können.

Gleichzeitig hat es zu allen Zeiten Krisen und Unübersichtlichkeit gegeben, meist sogar viel dramatischere und länger andauernde als die, die wir aktuell erleben und erlebt haben. Aus historischer Sicht ist es vielmehr so, dass – anders, als wir es in der westlichen Welt wahrnehmen – Phasen von Frieden, Stabilität und Wohlstand in der Geschichte der Menschheit eher die Ausnahme als die Regel dargestellt haben und tendenziell eher kurz währten:

> »So ist fraglich, ob und inwiefern VUKA tatsächlich eine nie zuvor dagewesene Qualität von Herausforderungen darstellt. Aus der Sicht von Unternehmen und Politik war die Welt schon immer volatil und schwer vorhersagbar und Perioden von Stabilität nur von kurzer Dauer. In den 1910er- und 1920er-Jahren oder zur Zeit der industriellen Revolution Ende des 18. und Anfang des 19. Jahrhunderts war sie mindestens ebenso unkalkulierbar, unüberschaubar, komplex und schwer verständlich wie heute« (ebd., S. 89).

Auch müssen wir anerkennen, dass das VUKA-Paradigma eher ein westliches Konstrukt darstellt: Wie wir im Sommer 2021 in Afghanistan gesehen haben, dominieren in vielen Ländern der Welt seit jeher Instabilitäten und Unsicherheiten verschiedenster Art – sei es durch die Folgen des Klimawandels, Naturkatastrophen, schwache Infrastruktur, Umweltzerstörung, Korruption, politisch labile Systeme mit großer Rechtsunsicherheit u. v. m. In vielen Ländern und insbesondere in Quasi-Diktaturen herrschen rechtliche Unsicherheiten für Personen und Organisationen bei staatlich mehr oder weniger kontrollierten Märkten und lassen das Leben und Wirtschaften dort alles andere als sicher und überschaubar erscheinen.

Auch Rosa betont, dass unser Gefühl, unser aktuelles Zeitalter sei mit all seinen Krisenverläufen einzigartig,

> »ganz gewiss nicht neu [ist, Anm. d. A.], sondern erscheint geradezu konstitutiv für alle Versuche der Positions- oder Epochenbestimmung in der Kulturgeschichte« (Rosa 2005, S. 39).

Gleichzeitig entstehen aber durch die Folgen der Globalisierung immer mehr internationale Verflechtungen mit gegenseitigen Abhängigkeiten. »[…] Neue Themen und soziale Bewegungen bringen immer mehr und neue prozedurale, kulturelle und thematische Schnittstellen mit sich« (Alamir 2020, S. 91). Dies zeigt sich besonders im interkulturellen Kontext, angefangen von der Kita über das Gesundheitswesen bis zum global operierenden Konzern.

Im Unternehmenskontext der westlichen Welt wird VUKA überlagert von einem aktuell an vielen Stellen erhöhten Tempo von Veränderungsprozessen, wie sie in der Beschleunigungstheorie von Hartmut Rosa beschrieben sind. Diese zeichnet sich u. a. aus durch eine massiv erhöhte Dichte von (digitalisierten) Interaktionsbeziehungen in Echtzeit (E-Mails, soziale Netzwerke usw.) ebenso wie durch die bekannten Folgen der Globalisierung bezüglich Veränderungsprozessen. Hier ist zu unterscheiden, inwiefern jedoch die VUKA-Bedingungen je nach Standort, Struktur, Branche, Absatzmärkten, Abhängigkeit von globalen Zulieferketten, Größe und Rechtsform des Unternehmens relevant sind. Per se sind mit Transformationen der relevanten Umwelt alle Bereiche einer Unternehmung betroffen, dennoch treffen die sich intensivierenden Bedingungen einer VUKA-Welt als Erstes auf die Bereiche, welche zum Markt hin agieren: zum Beispiel auf die Bereiche der Forschung und Entwicklung, das Innovationsmanagement oder den Vertrieb. Andere Bereiche wirken auf den ersten Blick nicht stark tangiert von den VUKA-Bedingungen: Ein Großteil der Arbeit von Personalabteilungen liegt im internen Bereich darin, die Marktfähigkeit durch kontinuierliches Recruiting und Management oder Entwicklung der Mitarbeiter:innen langfristig und nachhaltig zu sichern.

Je nach Unternehmensgröße und Branche sind Personalabteilungen mit der Aufgabe konfrontiert, im globalisierten Wettbewerb um Fachpersonal aktiv und handlungsfähig zu bleiben. Zugegeben: Bei dem angeführten Beispiel denkt man vielleicht eher an global agierende Unternehmungen. Aber auch Personalabteilungen in regionalen, kleinen Unternehmen sind mit der Aufgabe konfrontiert, die wechselnden Bedürfnisse der Mitarbeiter:innen zu berücksichtigen und somit ein kleines Stück zur Arbeitsmotivation und ein großes Stück zur Mitarbeiterbindung beizutragen.

Das Management an relevanten Schnittstellen ist eine sehr anspruchsvolle, komplexe und häufig konfliktreiche Querschnittsaufgabe für Führungskräfte und Teams geworden. Hierbei können die im Kontext eines agilen Managements entstandenen innovativen Rahmenwerke – wie Scrum, Kanban oder stärker auf Skalierung zielende Ansätze u. a. m. – dort hilfreich sein, wo es tatsächlich sinnvoll und zielführend erscheint: etwa kontinuierliche Innovationen zu generieren und sich an Kundenbedürfnissen zu orientieren, komplexes Wissensmanagement zu betreiben, Prozesse zu beschleunigen und Schnittstellen zu vernetzen. Das ist jedoch an Voraussetzungen gebunden: Es braucht dabei nicht nur Führungskräfte, die sich erlauben können, in ihrer Organisation fehlerfreundlich und angstfrei zu führen, sondern auch reife Teams, die bereit sind, Verantwortung zu übernehmen und sich selbst zu organisieren.

Grenzen des Wandels und der Unsicherheit

Aus der neueren Systemtheorie wissen wir: Grenzen markieren den Unterschied zwischen System (Organisation) und Umwelt. Organisationen sind künstliche Gebilde, keine natürlichen Phänomene, ihre Existenz und Zukunft sind immer bedroht. Führungsaufgabe ist es deshalb immer, das Überleben der Organisation und ihre Resilienz im Blick zu behalten, um die Organisation stabil zu halten, denn:

> »Je loser gekoppelt Organisationen sind, desto weniger Schutzmechanismen haben sie gegen die individuellen begrenzten Rationalitäten ihrer Organisationsmitglieder. Je größer die Palette an Möglichkeiten in einer Organisation, desto wahrscheinlicher ist es, dass die lokalen Rationalitäten der Organisationsmitglieder sich gegen die Organisationslogik durchsetzen können. Die kontinuierliche Steigerung der Wandlungsfähigkeit kann in letzter Konsequenz zu einer Auflösung der Organisation führen. Es besteht die Gefahr, dass die Organisation vor lauter Möglichkeiten (Kontingenz) den inneren Zusammenhang verliert« (Kühl 2015a, S. 83).

Dies gilt nicht nur für basisdemokratisch verfasste Non-Profit-Organisationen, sondern auch für andere komplexere Organisationstypen wie Behörden und Konzerne. Zu viele Konfliktstoffe und Instabilitäten bedrohen eine Organisation und müssen kanalisiert werden, sodass diese nicht chronifizieren und somit eine Gefahr für die Unternehmung darstellen und im besten Fall einen Mehrwert liefern, um Missstände innerhalb der Organisation aufzuzeigen und zu bearbeiten. Hierfür ist an vielen Stellen ein Umdenken notwendig. Wir erinnern hier an die Leitsätze der Resilienzforschung bzw. der Salutogenese:

Als Leitidee gilt hier ein Umdenken von einem pathogenetischen Konstrukt mit dem Fokus auf die Faktoren, die uns krank machen, auf eine salutogenetische Perspektive mit Fokus auf die Faktoren, die uns gesund erhalten. Im Kontext der Organisation kann dies bedeuten, dass das Aufkommen von Konflikten als Indikator für Missstände interpretierbar ist und gleichzeitig die Chance beinhaltet, die eigene Organisation bzw. deren Abläufe und die interne Zusammenarbeit zu verbessern. Aus salutogenetischer Perspektive könnte die Frage gestellt werden: Welche Ressourcen besitzen wir, die uns so weit gebracht haben? Auf welche Differenz macht uns dieser Konflikt oder die Krise aufmerksam? Welche Chancen liegen darin, wenn wir den Konflikt oder die Krise bewältigen und im besten Fall daran wachsen?

Diese Fragen zielen stark auf einen übergeordneten expliziten oder latenten Sinngehalt ab, der sich in Unternehmen und Teams auf unterschiedliche Arten zeigt. Zunächst erfüllt der Sinn eine fundamentale Funktion: Die Grenzen zwischen System und Umwelt werden z. B. durch Sinn(haftigkeit) konstruiert und stabilisieren dadurch eine Organisation. Sie dienen sowohl der Abgrenzung von anderen Systemen als auch deren Stabilisierung.

Diese Grenzen können wir uns wie Zellmembranen vorstellen, die die Zelle abschließen und zugleich für Austauschbeziehungen mit anderen Zellen öffnen (ebd., S. 86). Sinnstiftend können sowohl die Werte der Organisation sein als auch ihr (z. B. gesetzlicher) Auftrag – z. B. die Gleichbehandlung von Menschen mit Handicap oder die Position im Markt, etwa bei der Herstellung von Corona-Impfstoff. Daher ist es wichtig, dass sich Führungskräfte immer wieder vor Augen führen, was Sinn und Zweck der Organisation (bzw. der Organisationseinheit) ist, die sie leiten. In Organisationen im Wandel können wir mehr Machtkämpfe und Konflikte beobachten, weil Strukturen labilisiert und Ressourcen knapper werden und weil Streit um Kompetenzen und Regeln immer wieder ausgefochten, ausgehalten und verhandelt werden muss.

Macht in Organisationen beruht aus systemischer Sicht auf der Kontrolle »relevanter Unsicherheitszonen« und arbeitet nach ihrer inneren Logik mit Drohpotenzialen, also Sanktionen. Macht ist danach ein (asymmetrisches) Kräfteverhältnis, aus dem eine:r immer mehr als die anderen herausholen kann, ohne dabei jedoch dem anderen völlig ausgeliefert zu sein. In Hierarchien zeigen sich verstetigte Machtbeziehungen. Diese ermöglichen den Vorgesetzten, die Kontrolle zentraler Unsicherheitszonen in der Organisation. Autorität qua Hierarchie sichert damit durch ihre formalisierten Kommunikationswege die (verhältnismäßig schnelle und relativ eindeutige) Entscheidbarkeit von Problemen – trotz aller Nebenwirkungen.

In postbürokratischen Organisationen entstehen nun häufig Machtkämpfe um:

- die Kontrolle der Umweltbeziehungen
- die Kontrolle intraorganisationaler Kommunikationswege und
- die Kontrolle des Expertentums oder der Fachkompetenzen (ebd., S. 96).

Der Ingenieur und Berater Frederic Laloux (2017) liefert in seinem Werk *Reinventing Organizations* Ideen, wie man mit diesem Problem umgehen könnte, ohne auf das veraltete Muster »Autorität qua Hierarchie« zurückzugreifen. Auch Laloux erkennt einen Fallstrick in basisdemokratischen und hierarchieflachen Organisationen:

> »In vielen kleinen Organisationen oder sozialen Unternehmen, erfolgt die Entscheidungsfindung im Konsens, was häufig zu einer Lähmung der Organisation führt. Damit sich wieder etwas bewegt, brechen im Hintergrund destruktive Machtspiele aus« (ebd., S. 32).

Er liefert mehrere Best-Practice-Beispiele, wie »evolutionäre« Organisationen arbeiten, um im Umgang mit Konflikten und in der alltäglichen Arbeit handlungsfähig zu bleiben. Laloux beschreibt sog. »*Durchbrüche*« (ebd., S. 57 f.) innerhalb von Organisationen, die zu einer organisationalen Resilienz gegenüber Krisen und Konflikten beitragen können:

- Selbstführung
- Ganzheit und
- evolutionärer Sinn.

Die ersten beiden dieser »Durchbrüche« möchten wir uns im folgenden Abschnitt näher ansehen. Beim Durchbruch des evolutionären Sinns hatten wir das Gefühl, dass dieser als wichtige Komponente für gute Organisationen bereits an mehreren Stellen dieses Buches aufgetaucht ist.

Selbstführung

Selbstführung: Anhand eines Pflegedienstleistungsunternehmens aus den Niederlanden beschreibt Laloux die Vorteile von kleineren, selbstorganisierten Einheiten gegenüber großen, starren Hierarchien. Wichtig ist für ihn hier die Kontextabhängigkeit: Für niedrige Komplexitäten und strukturierte Umgebungen eignen sich bekannte Pyramidenstrukturen:

> »Wenn sich die Komplexität erhöht, ist die Pyramidenstruktur nicht mehr funktionsfähig. Die wenigen Leute an der Spitze, egal wie klug sie sind, haben nicht mehr die Kapazität, die Komplexität zu erfassen und damit umzugehen« (ebd., S. 58).

Selbstführung bzw. Selbstorganisation bedeutet nach diesem Verständnis nicht, dass es keine Strukturen gibt oder Willkür gezielte Interventionen ersetzt oder auf einmal über Nacht da ist. Die Veränderung von Organisationsstrukturen ist ein langfristiges und kleinteiliges Unterfangen, das die Mitarbeit aller Ebenen benötigt. Laloux beschreibt, wie eine Organisationsstruktur aussehen kann, die weitgehend auf die Hierarchisierung durch eine Pyramiden-Organisationsform verzichten kann. Dreh und Angelpunkt sind selbstorganisierte Teams, die autonom handlungsfähig sind (ebd., S. 64). Es existiert eine übergeordnete Führungsebene, die eher eine primär beratende Funktion einnimmt, wenn die weitgehend selbstorganisierten Teams nicht selbst zu einer Lösung des Problems finden. Dieser Ansatz der Selbstorganisation findet sich ebenfalls in vielen agilen Rahmenwerken wieder.

Laloux zeigt in seinem Werk anhand praktischer Beispiele, wie der Punkt Selbstführung iterativ auf grundlegende Management-Praktiken übergreift und diese in den Organisationen verändert werden:

Entscheidungsfindung: In hierarchischen Organisationen werden Entscheidungen meist top-down getroffen. In selbstgeführten Organisationsstrukturen beschreibt Laloux die Entscheidungsfindung wie einen Beratungsprozess (ebd., S. 68). Im Prinzip kann jeder eine Entscheidung (auch über Ausgaben) im Unternehmen treffen, es muss jedoch vorher eine Beratung stattfinden mit einer Mitarbeiter:in, die sich mit der Thematik gut auskennt, und alle von der Entscheidung betroffenen Mitarbeiter:innen müssen informiert und befragt werden, ob es Widerstände gibt. Je nach Größe und Komplexität der Entscheidung skalieren sich der Arbeitsaufwand und der Personenkreis, der dahingehend zu befragen und zu berücksichtigen ist. Natürlich ist der Grad der Radikalität im jeweiligen Unternehmenskontext vorerst anzupassen, dennoch liefert die Idee Lalouxs zu weitgehend selbstorganisierten Entscheidungsfindungen nützliche Denkanstöße.

Tipp für Experimente mit Selbstorganisation: »Delegation Poker«

Im Netz gibt es für wenige Euros ein Tool mit dem Namen »Delegation Poker«.[27] Delegation Poker versucht, die Entscheidungsfindung zu erleichtern und bietet die Möglichkeit, sich über verschiedene Stufen einer Selbstorganisation anzunähern. Wie der Name andeutet, ist dies ein Set von gestalteten Pokerkarten, auf denen verschiedene Stufen abgebildet sind:

Der maximale Pol der Selbstorganisation: Mitarbeiter:innen entscheiden autark ohne Einbeziehung der Führungskraft.

Der maximale Pol der Hierarchie: Führungskraft delegiert Aufgabe oder Entscheidung ohne Einbezug der Mitarbeiter:innen. Zwischen diesen Polen existieren verschiedene Delegationsgrade in Form von einzelnen Karten:

Zum Beispiel holen Mitarbeiter:innen vorher den Rat der Führungskraft ein, oder es gibt eine Konsensfindung zwischen Führungskraft und Mitarbeiter:innen. Mit diesen Karten kann man bei Entscheidungsprozessen in einem interaktiven Akt innerhalb des Teams »pokern«, wie die Entscheidung im konkret vorliegenden Fall getroffen werden sollte oder was der Wunsch ist.

Der Unterschied zum klassischen Poker besteht darin, dass es hier keinen Trumpf oder klare Gewinner und Verlierer gibt. Delegation Poker soll helfen, den Prozess zu erleichtern, fokussierte und sachbezogene Gespräche zu eröffnen und Transparenz zu schaffen.

Die Methode bietet den Vorteil, dass man kontextabhängig entscheiden kann: Beispielsweise kann bei der Nutzung von Weiterbildungsbudgets eine andere Stufe in der Organisation oder im Team vertreten werden als bei der Thematik der Urlaubsplanung etc. Die Möglichkeiten dieser Methode sind vielfältig.

27 Beispielsweise von management 3.0.

Ganzheit

Ganzheit: Unter Ganzheit wird ein weiterer Durchbruch auf dem Weg zu einer evolutionären Organisation gesehen. Laloux postuliert, dass Menschen in Arbeitskontexten danach streben, ihre Masken und starren Korsetts abzustreifen. Der Arbeitsplatz sollte

> »ein wunderbarer Ort sein [...], um Teile von uns zu entdecken, die wir vorher nicht kannten. Die Reibung der Zusammenarbeit mit anderen bringt wunderbare Möglichkeiten, um Aspekte unseres Selbst wiederzugewinnen, die wir vernachlässigt haben oder in den Schatten gerückt haben« (ebd., S. 91).

Als Ideen, dieses Gefühl von »Ganzheit« zu fördern, liefert Laloux mehrere Beispiele: Tiere am Arbeitsplatz (ebd., S. 92), firmeneigene Krippen oder Kindergärten mit der Möglichkeit, gemeinsam mittagzuessen etc. Die Idee der Sehnsucht nach Ganzheit als Motiv von Mitarbeiter:innen erscheint uns möglicherweise auf den ersten Blick etwas sperrig. Wir verstehen diesen Punkt im Werk von Laloux als Perspektive für Unternehmen, die verschiedenen Rollen der Mitarbeiter:innen wahrzunehmen und Praktiken zu entwickeln, in welchen diese Diversität anerkannt und gefördert wird. Dies muss nicht notwendigerweise über den Weg einer firmeneigenen Kindertagesstätte gehen.

Nach Laloux zielt das Streben nach Ganzheit auf ein wesentliches, übergeordnetes Ziel ab: die psychologische Sicherheit am Arbeitsplatz.

Zusammengefasst geht das Konzept der psychologischen Sicherheit davon aus, dass Menschen kreativer und offener zusammenarbeiten, wenn sie sich subjektiv bewusst sind, dass das Zeigen von Schwäche und das Begehen von Fehlern ihnen nicht als Nachteil ausgelegt wird, und

> »um die Überzeugung, sich auf eine Weise verhalten zu können, ohne dem Risiko von Peinlichkeit, Ablehnung oder Geringschätzung ausgeliefert zu sein« (Goller u. Laufer 2018, S. 3).[28]

Google hat in seinem Projekt »*Aristoteles*« wesentlich zur Bekanntheit dieses Konzeptes beigetragen: Eine Forschungsgruppe des Un-

28 »Sich ganz zu zeigen, fühlt sich riskant an. Wir zeigen unser Selbst, sodass es alle sehen können, und setzen einen kostbaren Teil von uns möglicherweise Spott oder Ablehnung aus. Organisationen, denen Ganzheit zum Anliegen geworden ist, haben erkannt, dass die wichtigste Voraussetzung dafür eine sichere Umgebung, in der wir uns sicher genug fühlen, um mit anderen unsere tiefsten Gaben, Zweifel und Sehnsüchte zu teilen« (Laloux 2017, S. 94).

ternehmens hatte sich mit der Frage beschäftigt, was normale Teams zu überdurchschnittlichen Hochleistungsteams macht. Hierfür untersuchten die Wissenschaftler:innen über 180 Teams über einen Zeitraum von zwei Jahren. Interessant waren die Ergebnisse der Studie, welche Settings zu hoch performanten Leistungen beitragen:

> »Erstens: Psychologische Sicherheit. Können wir im Team Risiken eingehen, ohne uns unsicher zu fühlen? Zweitens: Verlässlichkeit. Können wir uns darauf verlassen, dass jeder seine Arbeit pünktlich und gut erledigt? Drittens: Struktur und Klarheit. Sind die Ziele, die Rollenverteilung und die Ausführungswege im Team klar? Viertens: Sinn. Arbeiten wir an etwas, das jedem im Team persönlich wichtig ist? Fünftens: Einfluss der Arbeit. Glauben wir daran, dass unsere Arbeit wichtig ist?« (Haas 2018)

Überraschend an diesen Ergebnissen war,

> »nicht eine geschickte Auswahl der ›passenden‹ Persönlichkeiten, sondern psychologische Sicherheit ist der bedeutendste Faktor für erfolgreiche Zusammenarbeit« (Goller u. Laufer 2018, S. 4).

Amy Edmonson, Professorin für Leadership und Management an der Harvard Business School, untersucht seit den 1990er-Jahren das Konstrukt der psychologischen Sicherheit in unterschiedlichen Teams und Kontexten. Edmonson lieferte bereits 1999 wenige Aussagen, mit deren Hilfe sich psychologische Sicherheit in einem Team messen lässt:

- Wenn ich einen Fehler im Team begehe, wird er mir zum Nachteil ausgelegt.
- Teammitglieder des Teams können Probleme und Herausforderungen offen ansprechen.
- Teammitglieder werten andere Teammitglieder ab, wenn sie sich different verhalten.
- Es ist sicher, in diesem Team Risiken einzugehen.
- Es ist schwierig, ein anderes Teammitglied um Hilfe zu bitten.
- Keiner in diesem Team würde bewusst meine Leistungen untergraben oder abwerten.
- In der täglichen Zusammenarbeit werden meine Fähigkeiten und Talente von anderen Teammitgliedern anerkannt und wertgeschätzt (frei übersetzt nach Edmonson 1999, S. 382).

Kompliziert oder komplex?

Für Führungskräfte kann es hilfreich sein herauszufinden, ob das vorliegende Problem, der Konflikt oder die Sachlage als solche nur kompliziert oder ob sie komplex ist. Oft wird Komplexität unterschätzt, falsch bewertet und entsprechend unangemessen behandelt, was nicht zu stimmigen Lösungen führen kann und den Stresslevel eher erhöht.

Ein kompliziertes System ist theoretisch berechenbar, beispielsweise ein modernes Flugzeug:

> »Es hat vielleicht zehntausend Teile, aber sie folgen einer inneren Logik. Wenn Sie ein beliebiges Teil herausnehmen, dann kann Ihnen ein Ingenieur genau erklären, wann und wie das Flugzeug beeinflusst wird« (Laloux 2017, S. 138).

Komplizierte Prozesse zeigen eine stabile und kausale Input-Output-Relation (Autopilot, Smartphone, Herzschrittmacher). Komplexe Systeme bilden hierzu die Antithese:

> »Im Gegensatz dazu ist ein Teller Spaghetti ein komplexes System. Es hat nur ein paar Dutzend Bestandteile, aber wenn Sie an einer Spaghetti ziehen, dann kann selbst der leistungsfähigste Computer der Welt nicht vorhersagen, was geschehen wird« (ebd.).

Komplexe Systeme können sich (wie komplizierte Systeme) über lange Zeit auch stetig verhalten. Rekursive Operationen bauen auf dem Ergebnis vorheriger Operationen auf und schaukeln sich in kleinen Abweichungen auf, bis Turbulenzen zu Chaos führen und neuartige Funktionsmuster auftauchen. Komplexe Systeme ändern ihren inneren Zustand ständig. Die Systemgrenze mäandert, und das Systemverhalten ist nicht vorhersehbar (Rushhour, Kreisverkehr, Lawine, Klimawandel, Pandemien). Corona hat uns alle gelehrt, was Komplexität bedeutet. Im Managen von komplexen Systemen kann man primär der Versuch unternehmen, die (vermutlich) relevanten Umweltbedingungen zu beeinflussen, ohne die Sicherheit zu erhalten, dass diese Änderung die Aktionen innerhalb des Systems nachhaltig und wie gewünscht verändert.

Komplexe Wirkungsgefüge lassen sich nicht einfach in komplizierte umwandeln und auch nicht mit der Steuerungslogik komplizierter Prozesse angehen. Komplizierte Probleme lassen sich vielmehr mit Experten-Know-how angehen. Die Steuerung durch Expert:innen ist eines der zentralen Paradigmen unserer westlichen

Welt, verbunden mit dem mentalen Modell des Fortschrittsglaubens. Gerade wir in der westlichen Welt glauben, dass wir durch ständig wachsende Analysen, Erkenntnisse und Methoden oder Gesetze zu immer besseren Ergebnissen gelangen. Dies zeigt sich auch und gerade in Krisenzeiten, wie sich auf katastrophale Art und Weise nach dem Abzug der US-Army aus Afghanistan im August 2021 und der blitzschnellen Machtübernahme durch die Taliban gezeigt hat, die keiner der dort in den letzten 20 Jahren involvierten Akteur:innen vorhergesehen hat.

Komplexe Systeme lassen sich im Gegensatz zu komplizierten nicht durchsteuern. Unsere Zugänge sind meist unterkomplex und unangemessen wie bei dem Betrunkenen, der seinen Schlüssel unter der Laterne sucht, weil es dort hell ist – nicht etwa, weil er dort liegen könnte. Die Funktionsmuster hochkomplexer Systeme lassen sich nur im gegebenen Kontext verstehen, aus dem sich kontextbezogene Lenkungseingriffe ableiten lassen wie z. B., ein Schneebrett zu sprengen, wenn es stark schneit, anstatt einzelne Häuser zu evakuieren (Krizanits 2015, S. 42).

Im Gehirn verarbeiten wir Komplexität als Erwartungsenttäuschung und Kontrollverlust. Die Reaktion darauf ist in der Regel eine Stressreaktion, vom Cortex über die Amygdala bis zum Stammhirn, d. h. vom hitzigen Denken über Fühldenken/Affektlogik zu den Stress-Reflexen Flucht, Kampf oder Totstellen. Ein Ausweg besteht darin, das Denken gezielt zu lenken und durch genaues Beobachten, Explorieren sowie Aufspüren verschiedener Wirkungszusammenhänge und Perspektiven eine Erwartungsvielfalt zu schaffen. Was wir dann brauchen, ähnelt dem agilen Handeln: intuitives Denken, Neugierde, Offenheit, Flow, In-Bildern-Denken und Improvisationsfähigkeit (nach Dörner 1989).

In der VUKA-Welt verändert sich auch die Arbeitsweise in Organisationen, es gibt keine wirklich sicheren Prognosen und Planungen mehr. Das haben wir in der Corona-Pandemie ja gesehen und gelernt, auch wenn es schwer auszuhalten war. Sicherheit für Menschen in und außerhalb von Organisationen können dann etwa Rituale und Methoden bieten.

Wie wir (nicht nur in Afghanistan) gesehen haben, sind diese Fehler, die nicht alle vorliegen müssen, aber vielfach in verschiedenster Konstellation auftreten, aufgrund der Struktur und Funktionsweise unseres Gehirns fast unvermeidlich. Es kann hilfreich sein, das eigene Tun immer wieder mit anderen abzustimmen und sich nie allzu sicher zu sein, dass der eingeschlagene Weg der richtige ist.

Typische Führungsfehler bei komplexen Problemlagen (nach Dörner 1989):

- Ad-hoc-Aktionen
- Aus- und Nebenwirkungen unterschätzen
- »Reparaturdienst«
- Übersteuerung
- Generalisierung von Regeln
- Negativ-Ziele
- Sündenbock-Suche

Wie Führungskräfte im VUKA-Kontext Herausforderungen managen können

Das Konzept der Ambidextrie (von lat. *ambo* = beide und *dextera* = rechte Hand, also beidhändig) ist relativ jung, es wurde in den 1970er-Jahren von Robert Duncan erstmals konzipiert und von James March 1991 weiterentwickelt. Aus Studien zum organisationalen Lernen entwickelte March die Idee einer organisationalen »Beidhändigkeit«, über die Organisationen gerade in turbulenten und krisenhaften Zeit verfügen sollten, um besser mit den zunehmenden Paradoxien der VUKA-Welt umgehen zu können:

> »Organisationale Ambidextrie beschreibt die Fähigkeit von Organisationen, gleichzeitig das Geschäft von heute effizient zu managen sowie zukünftige Entwicklungen zu erkunden […]« (Schumacher u. Wimmer 2020, S. 11).

Beidhändigkeit bedeutet konkret, als Führungskraft sowohl das bisherige Kerngeschäft zu managen (die sog. Exploitation) als auch geschäftliche, innovative Zukunftsentwicklungen im Blick zu haben (sog. Exploration) (Schumacher u. Wimmer 2020, S. 10 ff.) Beide Tätigkeiten sollten idealerweise von der Aufmerksamkeitsfokussierung her im Gleichgewicht sein. Es wird deutlich, dass dies für Führungskräfte leicht eine Überforderung darstellen kann. Hintergrund des Ambidextrie-Konzeptes ist die Erkenntnis, dass auch und gerade ehemals sehr erfolgreiche Unternehmen wie Kodak, Blackberry oder

Nokia nicht in der Lage waren, sich auf kommende technologische Veränderungen im Markt einzustellen und entsprechend neue Produkte zu entwickeln:

> »Offensichtlich fällt es vielen etablierten Unternehmen schwer, auf disruptive Veränderungen in ihrem Wettbewerbsumfeld mit eigenen Innovationen zeitgerecht zu reagieren« (ebd., S. 11).

Das Agieren und Experimentieren mit Innovationen findet immer jenseits eingefahrener Routinen und Prozesse statt und unterscheidet sich daher diametral vom organisationalen Tagesgeschäft. Das macht es so herausfordernd und vielfach auch überfordernd. Spannend ist jedoch die an den systemischen Dreischritt (*Variation, Selektion und Retention)* angelehnte Methodik, mit der sich Innovationen überhaupt erfolgreich konzipieren lassen:

Zunächst steht hier im Sinne der Variationsbreite von Möglichkeiten und Ideen die Phase der Ideenfindung, in der neben den eigentlichen Ideen auch diejenigen Bereiche identifiziert werden sollten, in denen sich die Innovationen entwickeln lassen werden könnten. Hier könnte man beispielsweise Ideen aus dem *Design Thinking* nutzen.

Zweitens und angelehnt an das Prinzip der Selektion: die sog. Inkubationsphase oder das »weitere Ausbrüten« von Ideen sowie das Experimentieren und Forschen nach praktikablen Lösungen in Abstimmung mit den potenziellen Zielgruppen. Hier kann neben der Hypothesenbildung z. B. die Visualisierung der Daten mithilfe der Canvas-Technik hilfreich sein.

Drittens steht im Sinne der Retention die sog. Skalierung, d. h. der schnelle Aufbau von Kund:innen und Kompetenzen mit dem Ziel, die Marktchancen zu maximieren.

Als idealtypisches Beispiel für das Gelingen dieses Dreischrittes gilt der umstrittene Versandhändler Amazon, der sich innerhalb von 25 Jahren vom virtuellen Buchhändler zum diversifizierten Global Player und Weltmarktführer entwickelt hat. Dabei hat der Konzern einige Methoden aus dem Dreischritt standardisiert und fest in seine Routinen eingebunden. So wird beispielsweise jede Idee grundsätzlich mit dem »Working-backwards-Prinzip« rückwärts vom Kundenproblem oder -bedarf her gedacht, anstatt ein Produkt zu konzipieren und dieses wie im klassischen Marketing üblich anschließend der Kund:in schmackhaft zu machen.

> »Wirklich bahnbrechende Innovationen gelingen nur, wenn ein Unternehmen die Fähigkeit entwickelt, in seiner Art der Steuerung diesen Phasen des unternehmerischen Innovationsdreikampfes in all ihrer Unterschiedlichkeit hinsichtlich Arbeitsweise, teamförmiger Selbstorganisation, Start-up-orientierter Agilität, Ressourcenausstattung etc. gerecht zu werden« (Schumacher u. Wimmer 2020, S. 14).

Auch wenn nicht jede Organisation so hyperinnovativ sein kann oder muss wie Google, Spotify und Co., so lassen sich aus dem Konzept der Ambidextrie doch ein paar Anregungen und Tipps für Leitung und Teams ableiten, mit denen die Beteiligten den Herausforderungen der VUKA-Welt begegnen können:

Für das Umgehen mit zunehmender organisationsinterner Komplexität sind grundsätzlich permanent ganz gegensätzliche Anforderungen zu synchronisieren, es braucht also auch hier zunehmend Ambidextrie im Sinne der Paradoxie tauglicher Abstimmungs- und Entscheidungsprozesse. Dies konnte man in der Corona-Pandemie in jedem Kindergarten feststellen, der hin- und hergerissen wurde zwischen dem (Not-)Betreuungs-Bedarf der Eltern, behördlichen Erlassen, Hygienekonzepten sowie Raum- und Personalengpässen, Trägervorgaben u. v. m.

Die Akzeptanz und das Anerkennen, dass Paradoxien zunehmend den (nicht nur organisationalen) Normalzustand darstellen, ist für die meisten Führungskräfte und ihre Teams Neuland und muss von diesen erst noch eingeübt werden. Wir beobachten häufig, dass sich bei diesem Thema typische Stressphänomene mit den entsprechenden Eskalations- und Konfliktfolgen zeigen.

Die Anforderungen an die Reflexionsfähigkeit von Leitungspersonal (und Teams) steigt ebenso wie das Operieren-Müssen mit mangelnden Selbstgewissheiten. Helfen können diese beiden Tipps:

- Belohne als Leitungskraft nicht nur die Erledigung von Routineaufgaben, sondern rege die Entwicklung innovativen Denkens und kreativer Ideen durch dein Team an.
- Wo immer möglich, bilde multiprofessionelle und interkulturelle Teams zur Steigerung innovativer Impulse und Lösungen (Schumacher u. Wimmer 2020, S. 15).

Agile und lösungsfokussierte Methoden

Die agilen Rahmenwerke wie Scrum, Kanban, Design Thinking und Co. sind stark werteorientiert und verweisen auf eine gemeinsame Grundidee. Das agile Manifest entstand Anfang der 2000er-Jahre, und zu den Erstunterzeichner:innen gehören zahlreiche Personen, die in der Vergangenheit und Gegenwart agile Frameworks entwickelten.[29] Getragen wird diese Grundlage von wenigen Leitsätzen. Im Originaltext von 2001 heißt es (s. Abb. 32):

> »Wir erschließen bessere Wege, Software zu entwickeln, indem wir es selbst tun und anderen dabei helfen.
>
> Durch diese Tätigkeit haben wir diese Werte zu schätzen gelernt:
>
> - Individuen und Interaktionen mehr als Prozesse und Werkzeuge
> - funktionierende Software mehr als umfassende Dokumentation
> - Zusammenarbeit mit der Kund:in mehr als Vertragsverhandlung
> - Reagieren auf Veränderung mehr als das Befolgen eines Plans.
>
> Das heißt, obwohl wir die Werte auf der rechten Seite wichtig finden, schätzen wir die Werte auf der linken Seite höher ein« (Beck et al. 2001).

Diese übergeordneten Leitsätze des Manifests werden durch weitere zwölf Prinzipien[30] konkretisiert – mit dem Ziel, gute Produkte und Dienstleistungen zu entwickeln und die Grundlage für eine gute Zusammenarbeit zu fördern. Diese vertiefen die Leitsätze und stellen gute Praktiken dar, um diese Leitsätze in der Praxis zu leben.

Zwei Anmerkungen zum agilen Manifest: In den Ausführungen des kurzen Textes wird oft auf den Kontext der Software-Entwicklung referenziert. Agile Ansätze werden mittlerweile jedoch auch für die Entwicklung von Dienstleistungen oder auch Produkten, für komplexes Wissensmanagement und vieles, vieles mehr verwendet. Der Begriff Software lässt sich in diesen Fällen für den jeweiligen Kontext adaptieren, sodass die Orientierung an den Ideen des agilen Mani-

---

29 Die Liste der Unterzeichner:innen sowie die Verbindung zu agilen Frameworks sind auf folgender Website zu finden: https://agilemanifesto.org/iso/de/manifesto.html [20.12.2021].

30 Nachzulesen sind das agile Manifest und die Prinzipien unter: https://agilemanifesto.org/iso/de/principles.html [20.12.2021].

Abb. 32: Agiles Manifest

fests auch außerhalb der Informationstechnik einen Mehrwert für die Zusammenarbeit an gemeinsamen Projekten und Unternehmungen liefern kann. Obwohl die vier Wertpaare in der Mitte des Textes förmlich ins Auge springen, liefert der abschließende Satz eine wichtige Information: Die Werte auf der rechten Seite sind nicht überflüssig, sie sollten bedacht werden, dennoch sollte der Fokus auf den links aufgelisteten Werten liegen.

Diese Werte stellen einen Kompass dar, mit dem ein Team seine Arbeit möglichst selbstorganisiert und eigenverantwortlich flexibler gestalten kann, um schneller Ergebnisse zu kreieren, die sich an Kundenbedürfnissen orientieren.

> »Agile Führung ist somit vierdimensional: Sie ist Selbstführung und gestaltender Umgang mit Gegenübersystemen; sie ist eine emotionale Selbstreflexion [...] und Reifung sowie die sachverständige Nutzung von wissenschaftlichen Ergebnissen, Theorien und Konzepten zur Wahrnehmung und zur Logik sozialen Handelns« (Arnold 2021, S. 22).

Besonders für den Umgang mit Zusammenarbeit in den Strukturen der aktuellen Arbeitswelt kann eine Orientierung an diesen Wertpaaren eine Möglichkeit darstellen, um auf Veränderungen schnell und adäquat zu reagieren. Die Corona-Pandemie hat uns an vielen Stellen gezeigt, wie komplexe Veränderungen bis ins Mark unserer Arbeitswelt und unseres Alltagsbewusstseins eindringen können. Das Befolgen eines konkreten Plans war an vielen Stellen der vergangenen eineinhalb Jahre einfach durch das Fehlen von validem Wissen nicht möglich, sodass man den Fokus notwendigerweise auf das Reagieren auf Veränderung setzen musste, um nach bestem Wissen und Gewissen den Schutz von Arbeitnehmer:innen und Gesellschaft zu gewährleisten.

Agiles Arbeiten beinhaltet an vielen Stellen einen methodisch lösungsorientierten Umgang mit Experimenten, was für eine Organisation gut funktioniert und kulturell anschlussfähig ist. Dabei überprüfen und adaptieren Mitarbeitende fortlaufend ihre eigenen Arbeitsweisen. Wo bisher umfangreiche Checklisten abgearbeitet und langatmige Statusberichte erstellt wurden, können agile und lösungsfokussierte Methoden die Möglichkeit eröffnen, mit effektivem Ressourceneinsatz zielorientierter zu arbeiten als zuvor. Da ja gerade in Non-Profit-Organisationen die Sinnstiftung eine große Bedeutung hat, ist eine klare Zielorientierung häufig gar nicht so gegeben wie in Wirtschaftsunternehmen.

> »Mitarbeiter müssen lernen, Freiräume auszufüllen, unternehmerisch zu handeln, Erwartungen und Grenzen richtig einzuschätzen, zielführend zu kommunizieren und Rahmenvorgaben gemeinsam mit Führungskräften zu entwickeln. Der Lohn für diese Umstellung sind mehr Spaß und Sinn in der Arbeit. Die Arbeitsweise des agilen Managements hat in der Praxis schon vielen Mitarbeitern einen Weg zurück aus der inneren Kündigung ermöglicht und zugleich Unternehmen auch in Zei-

> ten disruptiver Veränderungen produktiver und resilienter aufgestellt« (Komelt 2018).

Agile und lösungsfokussierte Methoden können andererseits für Unternehmen gerade in Krisensituationen oft eine verlässliche Sicherheitsquelle sein. Tendenziell verändert sich auch die Führungskultur in der VUKA-Welt. Statt anzuweisen wird Führung zukünftig u. a. die Aufgabe haben, mehr Sinn, Leitplanken, Transparenz, Rückhalt und Entwicklungsmöglichkeiten zu vermitteln. Agilität beinhaltet ein Zusammenspiel von Werten, Prinzipien und Techniken. Rahmenwerke wie Scrum oder Kanban können hier Wege aufzeigen und vielseitig erprobte Lösungen bieten. Agile Ansätze erkennen an, dass sich diese Veränderungen nicht wie von Zauberhand schnell und über Nacht in einem Team oder innerhalb einer Organisation herstellen lassen und man irgendwo starten muss und sich im besten Fall iterativ in einem kontinuierlichen Verbesserungsprozess annähert. Ein erstes Experiment kann darin bestehen, einzelne Elemente im Alltag zu testen. Im Folgenden wird eine Mikrointervention dargestellt, welche sich als Event auch in verschiedenen agilen Rahmenwerken findet: eine routinierte Form der täglichen Kommunikation und Abstimmung.

Dailys

Das Stand-up-Meeting können Sie als sog. Daily in Form eines täglichen Rituals durchführen (s. Abb. 33). Hierbei empfiehlt es sich, ein kurzes Zeitbudget festzulegen, z. B. je nach Teamgröße 15 Minuten Besprechung der drei Fragen im Stehen. Die Fragen sind je nach Kontext variabel (sollten aber irgendwann stabil bleiben), z. B. durch die Zusatzfrage: »Was brauche ich von euch?« Natürlich können Sie solche Treffen auch als Weeklys vereinbaren, um etwa einmal wöchentlich einen Jour fixe zu rahmen.

Die Technik der Dailys: kurzer Austausch im Stehen, regelmäßig, gleicher Ablauf, 15 Minuten Dauer

Nur drei Fragen:

- Wie bin ich vorangekommen?
- Woran werde ich heute arbeiten?
- Was sind aktuell meine Hindernisse?

Abb. 33: Dailys

Behörde im Übergang erprobt die Dailys

Das Sozialamt einer grossen Stadt hat überraschend seine Amtsleiterin verloren. Die Stelle wurde zwar neu ausgeschrieben, aber das Verfahren zieht sich aus verschiedenen Gründen hin. Die zweite Führungsebene, die Fachbereichsleitungen, wurde vom Dezernenten gebeten, die wichtigsten Aufgaben der Amtsleitung ad interim unter sich so gut es geht aufzuteilen, bis eine Nachfolge gefunden ist.

Zur Unterstützung erhalten die Leitungskräfte während dieser ca. ein Jahr dauernden Übergangsphase ein begleitendes Coaching. Zunächst geht es darum zu schauen, wie sich eine Überlastung der Fachbereichsleitungen vermeiden ließe, denn die neuen Aufgaben stellen für alle eine große Herausforderung dar, die sie sich teilweise kaum zutrauen. Außerdem poppen an vielen Stellen Altlasten in der Mitarbeiterführung oder bei strukturellen Problemen auf, die neben dem eigentlichen Tagesgeschäft auch noch zu bearbeiten sind. Es stellt sich heraus, dass die Kommunikationskultur dieses Amtes eben behördlich ist, d. h., es wird viel schriftlich und via Laufmappen kommuniziert, die Sitzungen dauern sehr lange und werden als entsprechend anstrengend erlebt usw.

In dieser Situation lädt die Beraterin die Leitungskräfte zu einem Experiment ein und zeigt ihnen das Stand-up-Meeting bzw. die Dailys, die zunächst für Irritationen sorgen. »Kann das funktionieren in nur 15 Minuten?«, lautet die häufigste Frage der Gruppe. Gemeinsam erproben wir in den Coaching-Sitzungen diese Methode bei denjenigen Themen, die man tatsächlich auch kurz und knapp besprechen kann. Dieser Unterschied muss allerdings zunächst erlernt werden – bisher herrschte hier die Kultur des Vielredens, die wie häufig in politisch gesteuerten Verwaltungseinheiten aus der politischen Debattenkultur übernommen wurde.

Es zeigt sich, dass alleine durch das konzentrierte Stehen und die Fokussierung auf nur drei Fragen ein Unterschied entsteht zur bisherigen langatmigen Sitzungskultur hier. Diese Experimente führen zu Hausaufgaben, d. h., die Führungskräfte werden gebeten zu erproben, in welchem Kontext sie mit ihren Teams welche Themen kurz und knapp als Stand-up-Meeting besprechen und so die bisherige Sitzkultur hier und da verändern können.

Nach einiger Zeit haben die Dailys in unterschiedlichen Varianten bei allen Leitungskräften einen festen Platz bei Team- und Abteilungssitzungen gefunden, ohne dass die dominante behördliche Kommunikationskultur (die klassische »Sitzung«) davon beeinträchtigt worden wäre. Die in der Behörde dominante Sitzungskultur mit dem Handling von Laufmappen ist im Gegenteil so stark, dass an eine Veränderung gar nicht zu denken ist. Aber die Einführung eines agilen Experimentes in Form der Dailys macht für die Führungskräfte durchaus einen Unterschied.

Dieses Fallbeispiel zeigt ein Mikro-Experiment auf, welches eine teamübergreifende Wirkung entfaltet hat. Natürlich bringt das Ausrichten von Dailys noch keine Hyperagilität, aber solche Mikro-Experimente erfüllen einen Sinn: Es wird deutlich, dass sich Meeting-Formate auch anders, nämlich lösungsfokussierter und jenseits langer Meetings gestalten lassen und dass dies eine subjektive und objektive Verbesserung und Zeitersparnis darstellen kann.

Ein anderes Mikro-Experiment könnte darin bestehen, sich feste Zeiten für die gemeinsame Verbesserung der Zusammenarbeit einzuplanen. Scrum als agiles Rahmenwerk arbeitet hier beispielsweise mit einem festen Event: der Retrospektive, die ausschließlich dazu dient, die Zusammenarbeit des Teams und der Organisation zu verbessern und lösungsfokussiert Maßnahmen für die Zukunft abzuleiten. Im Sinne der Idee einer kontinuierlichen Verbesserung ist es effektiver, wenn sich Beteiligte in regelmäßigen, kurzen Abständen über die Zusammenarbeit im Team gemeinsam austauschen. Das hat noch weitere Vorteile: Es wird ein Stück normaler und routinierter, sich über diese Themen zu unterhalten. Konflikte können schon zu einem frühen Entstehungszeitpunkt angesprochen werden, und das Risiko einer Chronifizierung verringert sich.

Tipps & Tricks

Zum gemeinsamen »Ins-Gespräch-Kommen« eignen sich beispielsweise die Vorlagen, die wir hier abgedruckt haben. Diese Techniken sind nicht exklusiv in agilen Rahmenwerken vertreten, sondern werden an vielen Stellen auch außerhalb in gut aufgestellten Organisationen angewandt. Dennoch lassen sich in vielen agilen Ansätzen solche spannenden Lösungen komprimiert und gut aufbereitet finden. Hier lohnt sich eine tiefere Recherche, wenn es für Ihren Kontext sinnvoll erscheint. Wenn Sie nach ersten Experimenten ein gutes Gefühl haben, dass diese Form der Arbeit einen Mehrwert liefern könnte, ist es zu diesem Zeitpunkt sinnvoll, sich maßgeblich an einem agilen Rahmenwerk zu orientieren, da diese oft gut abgestimmte und in der Praxis vielseitig erprobte Lösungen für Organisationen bereithalten und weit über das partielle Einstreuen vereinzelter Techniken hinausgehen.

Die Feedback-Matrix 1

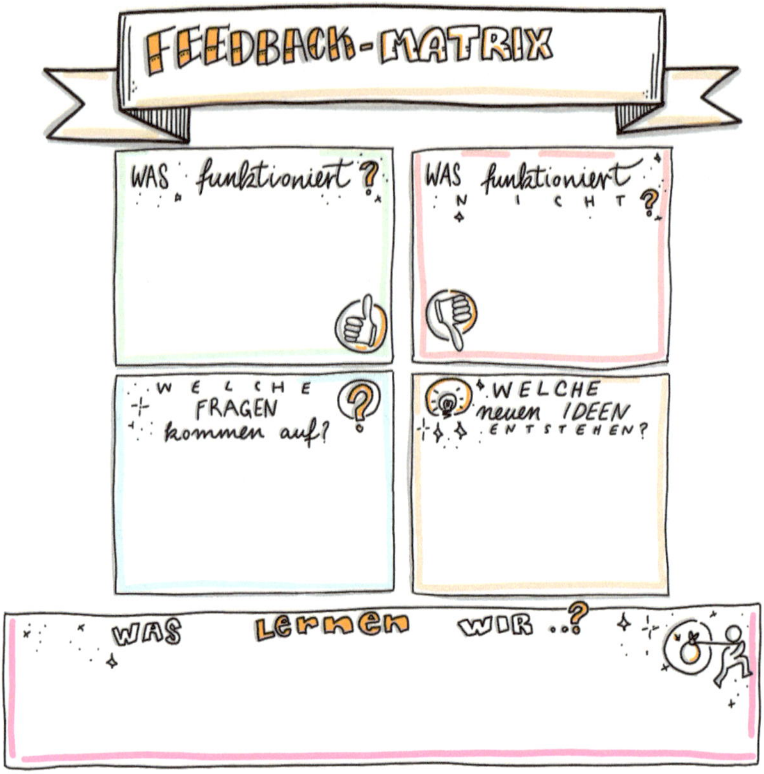

Abb. 34: Feedback-Matrix 1

Wir haben die Feedback-Matrix für unsere Bedürfnisse visuell angepasst (s. Abb. 34 u. Abb. 35) (Original in Kerguenne, Schaefer u. Taherivand 2017, S. 165).

Mit der Feedback-Matrix 1 können Teams in kurzer Zeit Folgendes erarbeiten:

- Feld 1: Was funktioniert?
- Feld 2: Was funktioniert nicht?
- Feld 3: Welche Fragen kommen auf?
- Feld 4: Welche neuen Ideen entstehen?
- Und als Zusatzfrage: Was lernen wir …?

Die Feedback-Matrix 2

Abb. 35: Feedback-Matrix 2

Mit der Feedback-Matrix 2 können Teams Folgendes erarbeiten:

- Feld 1: Was funktioniert gut?
- Feld 2: Was funktioniert nicht so gut?
- Feld 3: Wo gibt es Überschneidungen?
- Feld 4: Lösungsideen: Was könnten wir weglassen?
- Alarm: Wo müssen wir schnell reagieren, weil etwas gefährlich schiefläuft?

Tipps & Tricks zum Umgang mit VUKA

- Sich herausziehen können: Fokussiere deine Perspektive auf den Gesamtkontext, verzettle dich nicht in Einzelthemen!

- Organisiere Change im Einklang mit der Gesamtorganisation!
- Lerne, zu lernen und an deiner persönlichen Entwicklung zu arbeiten (Reflexion)!
- Lerne zu ertragen, dass du manches nicht weißt – Expertise des Nichtwissens!
- Zulassen und loslassen können!
- Sorge für Rollenklarheit: Bring die Erwartungen der Organisation in Einklang mit deinen Möglichkeiten!
- Nutze Führungsinstrumente (für Feedback, Teamarbeit, Konfliktgestaltung usw.)!
- Baue deine Netzwerke intern und extern aus!

In eigener Sache: Kritische Würdigung des VUKA-Konstruktes

Während wir als Autoren-Team bisher sehr konstruktiv und kreativ zusammengearbeitet haben, zeigt sich in unserem letzten Kapitel, dass sich (wie bei anderen Autor:innen auch) unsere Geister beim Thema VUKA scheiden: Je nach Erfahrungshintergrund und Beratungskontext kommen wir beide zu teilweise sehr unterschiedlichen Bewertungen der Paradigmen, die wir unseren Leser:innen hier transparent machen möchten:

Ariane Bentner hält es hier eher mit der kritischeren Einschätzung der neueren Systemtheorie, wo als zentrales Problem des VUKA-Konstruktes die Generalisierung und Überbetonung des Phänomens Agilität gesehen wird. Agilität steht für Beweglichkeit, Dynamik, Flexibilität und die Fähigkeit, schnell zu reagieren.

Stefan Kühl gilt als Vertreter der neuen Systemtheorie und Freund klarer Worte gleichermaßen, er arbeitet auch als Berater und kennt die Praxis großer Unternehmen und Behörden. Aus seiner Sicht gibt es keine einzige wirklich agile Organisation, sondern bestenfalls Agilitätsinseln in Organisationen. Diese Einschätzung teilt die Autorin aus langjähriger, wenn auch bestimmt selektiver Beratungspraxis mit ihm: Er sagt im Interview:

> Frage: »Das Zauberwort der Stunde heißt Agilität. Das Ziel der Unternehmen ist, Veränderungen in der Umwelt möglichst früh zu antizipieren und dementsprechend Strukturen anzupassen oder in neue Geschäftsfelder zu investieren. Das macht doch Sinn, oder?«

> STEFAN KÜHL: »Die Aussage ist banal. Kennen Sie einen Topmanager, der sich hinstellt und sagt, dass man Veränderungen in der Umwelt möglichst spät antizipieren und die Strukturen dann möglichst nicht verändern sollte? Wichtig ist an der Stelle: Die Prinzipien der Agilität sind alles andere als neu. Beeindruckend ist lediglich die Kreativität, mit der immer wieder neue Begrifflichkeiten ins Feld geführt werden, die die Veränderungsfähigkeit von Unternehmen umschreiben. Schon 1970 hat der Zukunftsforscher Alvin Toffler gesagt, dass aufgrund der Dynamik in der Umwelt die flexible Firma notwendig ist. 1980 spielte dann der Begriff des ›innovativen Unternehmens‹ eine große Rolle, dann kam 1990 die ›lernende Organisation‹. Das, was unter dem Label der ›agilen Organisation‹ propagiert wird, ist kalter Kaffee. Alle zehn Jahre wird eine neue Begriffssau durchs Management-Dorf gejagt – und das ist jetzt die ›agile Organisation‹. Die negative Konsequenz ist: Durch die Erfindung immer neuer Begriffe für das immer Gleiche geht das Wissen darüber verloren, welche Effekte sich einstellen, wenn bestimmte Managementprinzipien wie zum Beispiel Selbstorganisation eingeführt werden« (Kühl 2021).

Demgegenüber sieht *Jan P. Jung* eher die Vorteile von Agilität im Kontext einer VUKA-Umwelt. Agile Rahmenwerke (wie Scrum, Kanban) oder skalierte Ansätze (wie LeSS oder SAFe)[31] bieten in der Praxis mannigfaltig erprobte Lösungsideen, um mit den Anforderungen von komplexen und unsicheren Umwelten umgehen zu können. Übergreifend versuchen agile Ansätze, die Werte des agilen Manifestes in die Praxis umzusetzen und beispielsweise:

- durch Reviews die eigentlichen Nutzer:innen von Produkten oder Dienstleistungen früh und kontinuierlich in den Prozess der Entwicklung miteinzubeziehen
- mittels iterativem Vorgehen sich einem Zielzustand anzunähern und Möglichkeiten für Kursanpassungen zu besitzen
- durch strikte Priorisierung danach zu streben, schneller Wert zu generieren und die *time-to-market* zu reduzieren
- einen Fokus auf mögliche Verschwendungen zu legen und die Ressourcen von Unternehmen und Mitarbeiter:innen zu schonen
- Zusammenarbeit und Selbstorganisation auf allen Ebenen zu fördern.

31 LeSS: Large Scale Scrum; SAFe: Scaled Agile Framework.

Dabei wird in vielen agilen Ansätzen nicht propagiert, das Rad neu erfunden zu haben oder das eigene Rahmenwerk als einzig wahren Heilsbringer darzustellen. Agile Ansätze liefern aus meiner Perspektive erprobte Muster, wie sich Zusammenarbeit gut gestalten lässt. Die Diversität von Anforderungen in der beschleunigten Moderne benötigt gerade die Pluralität von verschiedenen Lösungsräumen. Die Idee eines »one best way« ist insbesondere in unserer schnelllebigen Umwelt obsolet, das wissen und leben agile Ansätze.

Feldbetrachtung: Agil oder nicht agil?

Ariane Bentner: Aus systemtheoretischer Sicht zeigen moderne Organisationen die drei Merkmale Mitgliedschaft, Zwecke und Hierarchie. Innerhalb dieser Merkmale ergeben sich fast zwangsläufig Konfliktstoffe, die den widersprüchlichen Logiken zwischen den Bedürfnissen der Mitglieder – also dem Personal – und den sog. Sachzwängen einer Organisation resultieren.

Trotz allen Charmes, den das agile Arbeiten auch auf mich mittlerweile ausübt, muss ich sagen: In Organisationen, die keine Software entwickeln, ist die agile Herangehensweise oftmals erst einmal erklärungsbedürftig und vielfach – jedenfalls aus meiner Beobachtung heraus – nicht wirklich anschlussfähig, weil sie von den Beteiligten und der Organisation eine gewisse Reife, Bereitschaft und Fähigkeit erfordert, sich regelmäßig neuen Kontexten anzupassen und selbstorganisiert sowie selbstreflexiv die Praxis des Ausprobierens, Reflektierens und Adaptierens zu erproben. Viele (nicht nur Non-Profit-) Organisationen haben gar nicht das Bedürfnis, ihre Kunden in Prozesse mit einzubeziehen oder gar deren Wünsche zu erfüllen. Werner Kirsch hat das ja in seinem Modell wunderbar dargestellt (vgl. Abb. 27). Wie wir aus den Neurowissenschaften gelernt haben, produziert jede Veränderung je nach Trainingszustand der Organisation oft erst einmal Abwehr und Widerstand. Unsere Fallbeispiele im Konflikt-Kapitel (s. Kap. 2) zeigen das ganz deutlich. Außerdem sollten wir jedes Paradigma und Konzept immer auf seine (organisations)kulturelle Anschlussfähigkeit hin überprüfen. Und aus meiner Erfahrung ist die eben sehr häufig erst einmal gar nicht gegeben oder erwünscht, sondern muss mühselig entwickelt werden – außer bei Start-ups vielleicht. Was sagst du dazu?

Jan P. Jung: Agile Ansätze haben auch außerhalb der Software-Entwicklung ein schönes Zuhause gefunden und liefern in mannigfaltigen Settings und Branchen einen Mehrwert. Ich denke, die Erklärungsbedürftigkeit ist in agilen Ansätzen nicht signifikant höher als bei anderen Ansätzen oder Organisationsmustern. Die angestrebten organisationalen Kulturveränderungen und Werte einer Organisation entwickeln sich nicht über Nacht und erfordern kontinuierliche Arbeit sowie Motivation.

In agilen Rahmenwerken finde ich persönlich viele regelmäßige Settings in Form von Events, Zyklen, Kadenzen etc., die eine Möglichkeit bieten, diese Werte und die Veränderungen in der Organisation zu reflektieren und zu initiieren. Was mir hier besonders gut gefällt: Dreh- und Angelpunkt sind (im besten Falle) selbstorganisiert arbeitende Teams. In gelebten agilen Ansätzen sind Werte im besten Fall keine Worthülsen, die in einem extern erarbeiteten Kommunikationspapier festgehalten werden, sondern ein stets zu überprüfendes, induktives Konstrukt, welches die Realität der arbeitenden Menschen widerspiegelt. Ich teile mit dir deine Haltung in Bezug auf organisationale Reife und Bereitschaft: Die beschriebenen Punkte und der Mehrwert der agilen Ansätze erfordern große organisationale Anstrengung, eine Transparenz gegenüber Verbesserungspotenzialen und eine offene Fehlerkultur.

Was meiner Meinung nach im Bereich der Agilität oft missverstanden wird: Agile Rahmenwerke haben nicht die Mission, jede Organisation und jede Arbeitsstelle zu »bekehren«. Es gibt viele Organisationen, die eine Resilienz besitzen, eine tolle Zusammenarbeit ermöglichen, zufriedene Kund:innen haben etc. – und die dennoch nicht agil arbeiten. Auf der anderen Seite existieren viele Kontexte und Settings in komplexen Umfeldern, wo eine Arbeit nach Scrum etc. viel Sinn ergibt und Mehrwert liefert. Ich denke, hier können beide Seiten lernen: In der Praxis gibt es oft auch vor der Einführung und abseits von agilen Rahmenwerken stabile, schützenswerte Praktiken und wunderbare Lösungen. Gleichzeitig haben wir im Kontext der agilen Ansätze eine Vielzahl von Perspektiven, Methoden und Mustern zur Verfügung, welche auch in klassischeren Umfeldern Potenziale entfalten können.

6 Zum Schluss: Strategien für ein agiles und resilientes Selbstmanagement

Was können Führungskräfte noch tun, um unter schwierigen Umständen sich selbst, ihre Organisation und die Mitarbeiter:innen durch schwierige Veränderungsprozesse zu führen? Statt mit Tipps und Tricks möchten wir dieses Buch mit einer (hoffentlich) hoffnungsvollen Geschichte abschließen, die zum Nachdenken und trotz allem vielleicht auch zum Schmunzeln anregen kann:

»Glück im Unglück«

»Der einzige Überlebende eines Schiffsunglücks wurde an den Strand einer einsamen und unbewohnten Insel gespült. Tag für Tag hielt er Ausschau nach einem Schiff am Horizont. Nach vielen Tagen ergebnisloser Ausschau nach einem Schiff baute er sich eine kleine Hütte aus Holz.

Eines Tages kam er von einem Ausflug auf der Insel zurück und stellte fest, dass seine Hütte in Flammen stand. Er hatte alles verloren, und seine Stimmung wechselte zwischen Ärger und Verzweiflung. Am nächsten Morgen wachte er durch das Motorgeräusch eines Bootes auf, das sich der Insel näherte. Man kam, um ihn zu retten.

›Woher wusstet ihr, dass ich hier bin?‹, fragte er seine Retter.

›Wir haben Ihr Rauchsignal gesehen‹, antwortete der Kapitän.« (Arnold 2021, S. 178)

Literatur

Akert, R., E. Aronson u. T. Wilson (2014): Sozialpsychologie. München (Pearson).

Alamir, F. M. (2020): VUKA und kein Ende. Ein Paradigma auf dem Prüfstand. *OrganisationsEntwicklung* 39 (4): 88–92.

Amann, E. G. (2015): Resilienz. München (Haufe), 2. Aufl.

Amann, E. G. u. A. Egger (2018): Mikro-Inputs Resilienz. Bonn (managerSeminare).

Amann, E. G. u. A. Egger (2019): Micro-Inputs Resilienz. Lebendige Modelle, Interventionen und Visualisierungshilfen für das Resilienz-Coaching und -Training. Bonn (managerSeminare).

Antonovsky, A. (1997): Salutogenese. Zur Entmystifizierung der Gesundheit. Tübingen (dgvt).

Arnold, R. (2021): Agile Führung aus Geschichten lernen. Heidelberg (Carl-Auer).

Badura, B, U. Walter u. T. Hehlmann (2010): Betriebliche Gesundheitspolitik. Berlin/Heidelberg (Springer).

Baecker, D. (1999): Organisation als System. Frankfurt/M. (Suhrkamp).

Baecker, D. (2007): Epochen der Organisation. *Revue für posttheoretisches Management* 2007 (1): 12–26.

Baeijert, L. u. A. Stellamans (2013): Resilienz: Ein Werkstattbuch zur Widerstandskraft. München (Solutions Academy).

Beck, K. et al. (2001): Manifest for Agile Software Development. Verfügbar unter: https://agilemanifesto.org/ [17.1.2022].

Bengel, J., F. Meinders-Lücking u. N. Rottmann (2009): Forschung und Praxis der Gesundheitsförderung, Bd. 35. Schutzfaktoren bei Kindern und Jugendlichen – Stand der Forschung zu psychosozialen Schutzfaktoren für Gesundheit. Bundeszentrale für gesundheitliche Aufklärung (BZgA) (Hrsg.). Verfügbar unter: https://www.bzga.de/infomaterialien/fachpublikationen/forschung-und-praxis-der-gesundheitsfoerderung/band-35-schutzfaktoren-bei-kindern-und-jugendlichen/ [17.1.2022].

Bentner, A. (2007): Systemisch-lösungsorientierte Organisationsberatung in der Praxis. Göttingen (Vandenhoeck & Ruprecht).

Bentner, A. (2018): Gesundheitsmanagement für Einsteiger. Wege zur gesunden Organisation – Impulse für kleinere und mittlere Unternehmen. Wiesbaden (Springer Gabler).

Bentner, A. u. S. Dylong (2015): Mehr Diversity im demografischen Wandel. Wiesbaden (Springer Gabler).

Bentner, A. u. M. Krenzin (2008): Erfolgsfaktor Intuition. Systemisches Coaching von Führungskräften. Göttingen (Vandenhoeck & Ruprecht).

Bentner, A. u. M. Krenzin (2011): Lösungsfokussiert gut beraten. Konzepte & Methoden für die psychosoziale Praxis. Frankfurt/M. (Surface).

Berg, I. K. u. S. S. D. Miller (1997): Die Wundermethode. Ein völlig neuer Ansatz bei Alkoholproblemen. Dortmund (vml).

Bernau, P. (2021): Amtsmüde. *Frankfurter Allgemeine Sonntagszeitung*, 21.6.2021.

Berndt, C. (2013): Resilienz. Das Geheimnis der psychischen Widerstandskraft. München (dtv).

Blickhan, D. (2017): Anleitung zum Glücklichsein. Studie über die Wirkung von Ausbildungen in Angewandter Positiver Psychologie auf Wohlbefinden und Flourishing der Teilnehmenden [Dissertation Philosophie]. Berlin (Freie Universität Berlin). Verfügbar unter: https://refubium.fu-berlin.de/bitstream/handle/fub188/4729/Dissertation_Blickhan_2017.pdf?sequence=1&isAllowed=y [20.12.2021].

Brisch, K. (2007): Diagnostik und Interventionen bei frühen Bindungsstörungen. In: G. Opp u. M. Fingerle (Hrsg.): Was Kinder stärkt. Erziehung zwischen Risiko und Resilienz. München (Ernst Reinhardt), 2. Aufl., S. 136–158.

Brühlmann, T. (2010): Burnout und Depression – Überschneidung und Abgrenzung. *Schweiz Med Forum* 10: 148–151. Verfügbar unter: www.smf-cme.ch [27.12.2021].

Ciompi, L. (1982): Affektlogik. Über die Struktur der Psyche und ihre Entwicklung. Ein Beitrag zur Schizophrenieforschung. Stuttgart (Klett-Cotta).

Conen, M.-L. (2008): Wo keine Hoffnung ist, muss man sie erfinden. Aufsuchende Familientherapie. Heidelberg (Carl-Auer), 4. Aufl.

DAK-Gesundheit (2017): Gesundheitsreport 2017. Verfügbar unter: https://www.dak.de/dak/download/gesundheitsreport-2017–1885298.pdf [19.10.2017].

DAK-Gesundheit. (2021): Psychreport. Verfügbar unter: https://www.dak.de/dak/bundesthemen/psychreport-2429400.html#/ [20.12.2021].

Dörner, D. (1989): Die Logik des Misslingens. Strategisches Denken in komplexen Situationen. Reinbeck (Rowohlt).

Dornes, M. (2014): Die emotionale Welt des Kindes. Frankfurt/M. (Fischer), 6. Aufl.

Edmonson, A. (1999): Psychological safety and learning behavior in work teams. *Administrative Science Quarterly* 44 (2): 350–383.

Falk, T. (2016): Mindfulness at work: keeping a clear head. Verfügbar unter: https://news.sap.com/2016/07/keeping-a-clear-head/ [20.12.2021].

Freudenberger, H. J. (1974): Staff Burn-out. *Journal of Social Issues* 30 (1): 159–165.

Fröhlich-Gildhoff, K. u. M. Rönnau-Böse (2015): Resilienz. München (Ernst Reinhardt), 4. Aufl.

Gebauer, A. u. U. Kiel-Dixon (2009): Das Nein zur eigenen Wahrnehmung ermöglichen. Umgang mit Extremsituationen durch Aufbau organisationaler Fähigkeiten. *OrganisationsEntwicklung* 38 (3): 40–49.

Gebhard, B., J. Hofmann u. H. Roehl (2015): Zukunftsfähige Führung. Gütersloh (Bertelsmann).

Gernhardt, A. (2017): Bindung und Eingewöhnung – Vor dem Hintergrund einer zunehmend diversen und multikulturellen Gesellschaft. In: B. Lamm (Hrsg.): Handbuch interkulturelle Kompetenz: kultursensitive Arbeit in der Kita. Freiburg (Herder), S. 158–169.

Glasl, F. (2010): Konfliktmanagement. Bern (Haupt), 9., aktual. u. erg. Aufl.

Goffman, E. (1967): Interaktionsrituale. Frankfurt/M. (Suhrkamp).

Goller, I. u. T. Laufer (2018): Psychologische Sicherheit in Unternehmen. Wie Hochleistungsteams wirklich funktionieren. Wiesbaden (Springer Gabler).

Gross, T. (2013, 25. September): Läuft alles viel zu schnell heute! *Frankfurter Allgemeine Zeitung*, 25.9.2013. Verfügbar unter: https://www.faz.net/aktuell/feuilleton/buecher/rezensionen/sachbuch/hartmut-rosa-beschleunigung-und-entfremdung-laeuft-alles-viel-zu-schnell-heute-12591323.html [20.12.2021].

Grossmann, K. u. K. Grossman (2007): Die Entwicklung von Bindungen: Psychische Sicherheit als Voraussetzung für psychologische Anpassungsfähigkeit. In: G. Opp u. M. Fingerle (Hrsg.): Was Kinder stärkt. Erziehung zwischen Risiko und Resilienz. München (Ernst Reinhardt), 2. Aufl., S. 279–299.

Grotberg, E. (2011): Anleitung zur Förderung der Resilienz von Kindern – Stärkung des Charakters. In: M. Zauner (Hrsg.): Handbuch Resilienzförderung. Wiesbaden (Springer VS), S. 51–101.

Groth, T. (2017): 66 Gebote systemischen Denkens und Handelns in Management und Beratung. Heidelberg (Carl-Auer), 2. Aufl.

Haas, M. (2018): Was macht ein gutes Team aus? *Süddeutsche Zeitung*, 11.9.2018.

Hans-Böckler-Stiftung (2011): Psychische Belastungen am Arbeitsplatz kosten Milliarden. *Böcklerimpuls* 12, S. 2. Verfügbar unter: https://www.boeckler.de/data/impuls_2011_16_2.pdf [20.12.2017].

Hartwig, M. et al. (2016): Psychische Gesundheit in der Arbeitswelt – Organisationale Resilienz. Dortmund/Dresden/Berlin (Bundesanstalt für Arbeitsschutz und Arbeitsmedizin). DOI: org/10.21934/baua: bericht20160713/5 [20.12.2017].

Heller, J. (2017): Definition: Organisationale Resilienz. Verfügbar unter: https://juttaheller.de/resilienz/resilienz-abc/definition-organisationale-resilienz/ [20.12.2019].

Heller, J. (2018): Resilienz für die VUCA-Welt. Individuelle und organisationelle Resilienz entwickeln. Wiesbaden (Springer).

Heller, J. u. N. Gallenmüller (2018): Resilienz-Coaching: Zwischen »Händchenhalten« für Einzelne und Kulturentwicklung für Organisationen. In: J. Heller (2018): Resilienz für die VUCA-Welt. Individuelle und organisationelle Resilienz entwickeln. Wiesbaden (Springer), S. 3–19.

Heller, J. et al. (2019): Messung organisationaler Resilienz: Zentrale Elemente, Schutz- und Risikofaktoren. In: J. Heller (Hrsg.): Resilienz für die VUCA-Welt. Individuelle und organisationale Resilienz entwickeln. Wiesbaden (Springer), S. 133–139.

Hoffmann, G. P. (2016): Organisationale Resilienz. Grundlagen und Handlungsempfehlungen für Entscheidungsträger und Führungskräfte. Wiesbaden (Springer). DOI: 10.1007/978-3-658-12890-6.

Hoffmann, G. P. (2018): Der eigenen Identität auf der Spur. Eine Skizze zur Stärkung organisationaler Resilienz. *OrganisationsEntwicklung* 37 (2): 73–77.

Hohmann, L. (2007): Innovation games: creating breakthrough products through collaborative play. Boston (Addison-Wesley Professional).

Holtmann, M. u. M. Laucht (2007): Biologische Aspekte der Resilienz. In: G. Opp u. M. Fingerle (Hrsg.): Was Kinder stärkt. Erziehung zwischen Risiko und Resilienz. München (Ernst Reinhardt), 2. Aufl., S. 32–45.

Holtmann, M. u. M. Schmidt (2004): Resilienz im Kindes- und Jugendalter. *Kindheit und Entwicklung. Zeitschrift für klinische Entwicklungspsychologie* 13 (4): 195–200.

Holtz, K. L. (2007): Resilienz und die Strategien Milton Ericksons. Wie passt das zusammen? In: D. Short u. C. Weinspach (Hrsg.): Hoffnung und Resilienz. Therapeutische Strategien von Milton Erikson. Heidelberg (Carl-Auer), S. 27–33.

Hombrecher, M. u. K. Wohlers (2016): Entspann dich, Deutschland. TK-Stressstudie 2016. Techniker Krankenkasse (Hrsg.). Verfügbar unter: https://www.tk.de/resource/blob/2026630/9154e4c71766c410dc85991 6aa798217/tk-stressstudie-2016-data.pdf [20.12.2021].

Horx, M. (2020): Die Zukunft nach Corona. Wie eine Krise die Gesellschaft, unser Denken und unser Handeln verändert. Berlin (Econ), 5. Aufl.

Hüther, G. (2007): Resilienz im Spiegel entwicklungsneurobiologischer Erkenntnisse. In: G. Opp u. M. Fingerle (Hrsg.): Was Kinder stärkt. Erziehung zwischen Risiko und Resilienz. München (Ernst Reinhardt), 2. Aufl., S. 45–57.

Hüther, G. (2010): Was für Krisen braucht und wie viel Krise verträgt der Mensch? Neurobiologie der Krisenentstehung und Krisenbewältigung. In: G. Schmidt, A. Dollinger u. B. Müller-Kathoff (Hrsg.): Gut beraten in der Krise. Konzepte und Werkzeuge für ganz alltägliche Ausnahmesituationen. Bonn (managerSeminare), S. 13–20.

ISO 22316 (2017): Security and resilience – Organizational resilience – Principles and attributes. Verfügbar unter: www.iso.org/standard/50053.html [17.1.2022].

Kaluza, G. (2015): Gelassen und sicher im Stress. Das Stresskompetenz-Buch: Stress erkennen, verstehen und bewältigen. Berlin (Springer), 6. Aufl.

Kerguenne, A., H. Schaefer u. A. Taherivand (2017): Design Thinking. Die agile Innovations-Strategie. Freiburg (Haufe).

Kirsch, W., D. Seidl u. D. Aaken (2010): Evolutionäre Organisationstheorie. Stuttgart (Schäffer-Poeschel).

Kleve, H. (2017): Reziprozität ermöglichen. Vernetzung aus systemtheoretischer Perspektive. *Kontext* 48 (4): 353–367.

Klöckner, D. (2020): Das ist kein guter Moment, eine Ehe aufzukündigen. *Frankfurter Allgemeine Sonntagszeitung*, 15.11.2020.

Komelt, A. (Hrsg.): Neuland Partners for Development & Training – Neuland Interview. Verfügbar unter: https://www.neulandpartner.de/archiv-2017/agilitaet-mit-vereinten-kraeften [5.7.2018].

Krizanits, J. (2015): Der Tanz mit der Komplexität. *OrganisationsEntwicklung* 34 (4): 42–48.

Kühl, S. (2015a): Wenn die Affen den Zoo regieren. Frankfurt/M. (Campus).

Kühl, S. (2015b): Sisyphos im Management. Die vergebliche Suche nach der optimalen Organisationsstruktur. Frankfurt/M. (Campus).

Kühl, S. (2018): Organisationskulturen beeinflussen. Eine sehr kurze Einführung. Wiesbaden (Springer).

Kumbier, D. u. F. Schulz von Thun (2006): Interkulturelle Kommunikation. Weinheim (Beltz).

Kunst, A. (2020): Umfrage zu Branchenzugehörigkeit und Burn-out-Risiko in Deutschland 2017. Statista (Hrsg.). Verfügbar unter: https://de.statista.com/statistik/daten/studie/667195/umfrage/umfrage-zu-branchenzugehoerigkeit-und-burn-out-risiko-in-deutschland/ [20.12.2021].

Laloux, F. (2017): Reinventing organizations visuell. Ein illustrierter Leitfaden sinnstiftender Formen der Zusammenarbeit. München (Franz Vahlen).

Lazarus, R. S. a. S. Folkmann (1984): Stress, appraisal, and coping. New York (Springer).

Leipold, B. (2015): Resilienz im Erwachsenenalter. München/Basel (Vieweg).

Leuzinger-Bohleber, M., T. Fischmann u. J. Lebiger-Vogel (2009): »Weißt du, manchmal möchte ich nicht mehr leben ...«. Frühprävention als Stärkung der Resilienz gefährdeter Kinder? Ergebnisse aus der Frankfurter Präventionsstudie. In: R. Haubl, F. Dammasch u. H. Krebs (Hrsg.): Riskante Kindheit. Psychoanalyse und Bildungsprozesse. Göttingen (Vandenhoeck & Ruprecht), S. 87–128.

Lohmer, M. u. H. Möller (2014): Psychoanalyse in Organisationen. Einführung in die psychodynamische Organisationsberatung. Stuttgart (Kohlhammer).

Lösel, F. u. D. Bender (2007): Von generellen Schutzfaktoren zu spezifischen protektiven Prozessen: Konzeptuelle Grundlagen und Ergebnisse der Resilienzforschung. In: G. Opp u. M. Fingerle (Hrsg): Was Kinder stärkt. Erziehung zwischen Risiko und Resilienz. München (Ernst Reinhardt), 2. Aufl., S. 57–79.

Luhmann, N. (1984): Soziale Systeme. Grundriß einer allgemeinen Theorie. Frankfurt/M. (Suhrkamp).

Lyubomirsky, S., K. M. Sheldon a. D. Schkade (2005): Pursuing happiness: the architecture of sustainable change. *Review of General Psychology* 9 (2): 111–131.

Machmeier, C. (2018): Mit Achtsamkeit den digitalen Wandel meistern. SAP News Center (Hrsg.). Verfügbar unter: https://news.sap.com/germany/2018/09/achtsamkeit/ [20.12.2021].

Maierhofer, S. (2016): Kommunikation anhand des Riemann-Thomann-Modells und was das mit unserem Körper zu tun hat. *Freie Psychotherapie* 16 (1): 19–21.

Masten, A. (2016): Resilienz: Modelle, Fakten & Neurobiologie. Das ganz normale Wunder entschlüsselt. Paderborn (Junfermann).

Meissner, P. (2019): Entscheiden ist einfach. Wenn man weiß, wie es geht. Frankfurt/M. (Campus).

Mette, J. u. V. Harth (2017): Das Kohärenzgefühl im Arbeitskontext. Bedeutung des Konstrukts für die Gesundheit von Beschäftigten und die betriebliche Gesundheitsförderung. Verfügbar unter: www.link.springer.com/article/10.1007/s40664-017-0168-2 [17.1.2022].

Miller, S. u. I. K. Berg (1997): Die Wunder-Methode. Ein völlig neuer Ansatz bei Alkoholproblemen. Dortmund (modernes lernen).

Minzberg, H. (1979): The structuring of organizations., Hemel Hempstead/Englewood Cliffs, NJ (Prentice Hall).

Moffitt, T., R. Poulton a. A. Caspi (2013): Lifelong impact of early self-control. *American Scientist* 101 (3): 352–359.

Moffitt, T. et al. (2011): A gradient of childhood self-control predicts health, wealth, and public safety. *Proceeding of the National Academy of Sciences of the United States of America (PNAS)* 108 (7): 2693–2698.

Möhrle, H. (2020): Topografie der Krise. *OrganisationsEntwicklung* 39 (1): 5–15.

Mumm, A. (2019): Systemische Konfliktbewältigung. In: J. Heller (Hrsg.): Resilienz für die VUCA-Welt. Individuelle und organisationelle Resilienz entwickeln. Wiesbaden (Springer), S. 237–247.

Opp, G. u. M. Fingerle (2007): Erziehung zwischen Risiko und Protektion. In: G. Opp u. M. Fingerle (Hrsg): Was Kinder stärkt. Erziehung zwischen Risiko und Resilienz. München (Ernst Reinhardt), 2. Aufl., S. 7–20.

Peters, A. (2018): Unsicherheit. Das Gefühl unserer Zeit. München (Bertelsmann).

Pörksen, B. u. F. Schultz von Thun (2014): Kommunikation als Lebenskunst. Philosophie und Praxis des Miteinander-Redens. Heidelberg (Carl-Auer).

Radtke, R. (2021a): Anzahl von Arbeitsunfähigkeitstagen je Mitglied in Deutschland bis 2019. Statista. Verfügbar unter: https://de.statista.com/statistik/daten/studie/251313/umfrage/durchschnittliche-anzahl-von-arbeitsunfaehigkeitstagen-je-versicherten/ [20.12.2021].

Radtke, R. (2021b): Arbeitsunfähigkeitstage aufgrund von Burn-out-Erkrankungen bis 2019. Statista. Verfügbar unter: https://de.statista.com/statistik/daten/studie/239869/umfrage/arbeitsunfaehigkeitstage-aufgrund-von-burn-out-erkrankungen/ [20.12.2021].

Rampe, M. (2004): Der R-Faktor. Das Geheimnis unserer inneren Stärke. Frankfurt/M. (Eichborn).

Riemann, F. (2009): Grundformen der Angst. München (Reinhardt), 39. Aufl.

Ritz, F. et al. (2016): Entwicklung einer auf Resilienz ausgerichteten Organisationskultur. *Gruppe. Interaktion. Organisation. Zeitschrift für Angewandte Organisationspsychologie (GIO)* 47 (2): 151–158.

Rödder, A. (2017): Zukunft ist auch nicht mehr das, was sie mal war. *Frankfurter Allgemeine Sonntagszeitung*, 3.12.2017.

Roehl, H. (2015): Am Limit. Führung im Unternehmensalltag. Gütersloh (Bertelsmann).

Rosa, H. (2005): Beschleunigung. Die Veränderung der Zeitstrukturen der Moderne. Frankfurt/M. (Suhrkamp).

Rosa, H. (2018): Unverfügbarkeit. Wien (Residenz).

Ruhloff, J. (1993): Widerstreitende statt harmonische Bildung – Grundzüge eines »postmodernen« pädagogischen Konzepts. In: W. Fischer u. J. Ruhloff (Hrsg.): Skepsis und Widerstreit. Neue Beiträge zur skeptisch-transzendentalkritischen Pädagogik. Sankt Augustin (Academia), S. 43–56.

Rulofs, S. (2020): Vor die Lage kommen. *OrganisationsEntwicklung* 39 (1): 9–15.

Rutter, M. (1990): Protective factors in children's protective mechanisms. In: J. Rolf et al. (eds.): Risk and protective factors in the development of psychopathology. Cambridge (Cambridge University Press), pp. 181–214.

Schäfer, B. (2017): Resilienz. Stuttgart (reclam).

Schlippe, A. von u. M. Grabbe (2007): Werkstattbuch Elterncoaching. Göttingen, (Vandenhoek & Ruprecht).

Schmitz, B. (2016): Art-of-living. A concept to enhance happiness. Cham (Springer).

Schmitz, B., J. Lang u. J. Linten (Hrsg.) (2018): Psychologie der Lebenskunst. Positive Psychologie eines gelingenden Lebens – Forschungsstand und Praxishinweise. Berlin/Heidelberg (Springer).

Schultz von Thun, F., J. Ruppel u. R. Stratmann (2001): Miteinander reden. Kommunikationspsychologie für Führungskräfte. Hamburg (Rowohlt).

Schumacher, T. u. R. Wimmer (2020): Widersprüchlichkeit gestalten. *OrganisationsEntwicklung* 39 (4): 10–15.

Seidl, D. u. D. Aaken (2021): Klassiker der Organisationsforschung. *OrganisationsEntwicklung* 40 (2): 90–94.

Seiffge-Krenke, I. (2003): Entwicklungen in der frühesten Kindheit aus psychoanalytischer Sicht. In: H. Keller (Hrsg.): Handbuch Kleinkindforschung. Bern/Göttingen/Toronto/Seattle (Huber). 3. Aufl., S. 183–222.

Seligman, M. E. P. (2004): Authentic happiness. Using the new positive psychology to realize your potential for lasting fulfillment. New York (Simon & Schuster).

Seligman, M. E. P. et al. (1999): The prevention of depression and anxiety. *Prevention & Treatment* 2 (1): Article 8a.

Short, D. u. C. Weinspach (2007): Hoffnung und Resilienz. Therapeutische Strategien von Milton Erikson. Heidelberg (Carl-Auer).

Siegler, R. et al. (2016): Bindung und die Entwicklung des Selbst. In: S. Pauen (Hrsg.): Entwicklungspsychologie im Kindes- und Jugendalter. Berlin/Heidelberg (Springer). 4. Aufl., S. 397–438.

Simon, F. B. (2007): Einführung in die systemische Organisationstheorie. Heidelberg (Carl-Auer).

Simon, F. B. (2009): Einführung in die systemische Wirtschaftstheorie. Heidelberg, (Carl-Auer).

Simon, F. B. (2018): Einführung in die Systemtheorie des Konflikts. Heidelberg (Carl-Auer), 4. Aufl.

Sin, N. L. a. S. Lyubomirsky (2009): Enhancing well-being and alleviating depressive symptoms with positive psychology interventions. A practice-friendly meta-analysis. *Journal of clinical psychology* 65 (5): 467–487.

Sparrer, I. u. M. Varga von Kibed (2000): Ganz im Gegenteil. Tetralemmaarbeit und andere Grundformen systemischer Strukturaufstellungen. Heidelberg (Carl-Auer).

Spilker, M. (2020): Von einem, der auszog, das Fürchten zu lernen. *OrganisationsEntwicklung* 39 (1): 79–81.

Stangl, W. (2021): Subjektive Wahrnehmung. Verfügbar unter: https://lexikon.stangl.eu/19902/subjektive-wahrnehmung [31.1.2022].

Steel, P., J. Schmidt a. J. Shultz (2008): Refining the relationship between personality and subjective well-being. *Psychological bulletin* 148 (1): 138–161.

Stepstone (2013): Studie zum Glück am Arbeitsplatz. Verfügbar unter: http://www.stepstone.de/b2b/stellenanbieter/jobboerse-stepstone/upload/studie_gluck_am_arbeitsplatz.pdf? cid=B2C_CLC_SYS19 [30.12.2017].

Techniker Krankenkasse (Hrsg.): Preview Fehlzeiten. Verfügbar unter: https://www.tk.de/centaurus/servlet/contentblob/940482/Datei/62963/Preview-Fehlzeiten.pdf [19.10.2017].

Treier, M. u. T. Uhle (2016): Einmaleins des betrieblichen Gesundheitsmanagements. Wiesbaden (Springer).

Urner, M. (2021): Raus aus der ewigen Dauerkrise. München (Droemer Knaur).

Veenhoven, R. (2003): Arts-of-Living. *Journal of Happiness Studies* 4 (4): 373–384.

Walsh, F. (2006): Ein Modell familialer Resilienz und seine klinische Bedeutung. In: R. Welter-Enderlin u. B. Hildenbrand (Hrsg.): Resilienz – Gedeihen trotz widriger Umstände. Heidelberg (Carl-Auer), S. 43–79.

Weick, K. E. (1985): Der Prozess des Organisierens. Frankfurt/M. (Suhrkamp).

Weick, K. E. u. K. M. Sutcliffe (2003): Das Unerwartete managen. Wie Unternehmen aus Extremsituationen lernen. Stuttgart (Klett-Cotta).

Weilbacher, J. C. (2017): »Die agile Organisation ist kalter Kaffee«. Verfügbar unter: https://www.humanresourcesmanager.de/news/die-agile-organisation-ist-kalter-kaffee.html [20.12.2021].

Wellensiek, S. K. (2011): Handbuch Resilienztraining. Widerstandskraft und Flexibilität für Unternehmen und Mitarbeiter. Weinheim/Basel (Beltz).

Welter-Enderlin, R. (2006): Resilienz aus Sicht der Beratung und Therapie. In: R. Welter-Enderlin u. B. Hildenbrand (Hrsg.): Resilienz – Gedeihen trotz widriger Umstände. Heidelberg (Carl-Auer), S. 7–19.

Welter-Enderlin, R. u. B. Hildenbrand (Hrsg.) (2006): Resilienz – Gedeihen trotz widriger Umstände. Heidelberg (Carl-Auer).

Wenzel, J., S. Jaschke u. E. Engelhardt (2020): Krisenberatung am Telefon und per Video in Zeiten von Corona. Verfügbar unter: https://www.dgsf.org/ueber-uns/gruppen/fachgruppen/online-beratung/krisenberatung-am-telefon-und-per-video-in-zeiten-von-corona [20.12.2021].

Werner, E. (2007): Entwicklung zwischen Risiko und Resilienz. In: G. Opp u. M. Fingerle (Hrsg.): Was Kinder stärkt. Erziehung zwischen Risiko und Resilienz. München (Ernst Reinhardt), 2. Aufl., S. 20–31.

Werner, E. (2008): Wenn Menschen trotz widriger Umstände gedeihen – und was man daraus lernen kann. In: R. Welter-Enderlin u. B. Hildenbrand (Hrsg.): Resilienz – Gedeihen trotz widriger Umstände. Heidelberg (Carl-Auer), S. 28–42.

Wolter, B. (2005): »Resilienzforschung« – das Geheimnis der inneren Stärke. *systhema* 19 (3): 299–304.

World Health Organization (1998): Health promotion glossary. Genf (World Health Organization).

Wright, M. O. D., A. S. Masten a. A. J. Narayan (2013): Resilience processes in development: Four waves of research on positive adaptation in the context of adversity. In: S. Goldstein a. R. B. Brooks (eds.): Handbook of resilience in children. New York (Springer), pp. 15–37.

Wustmann, C. (2005): Die Blickrichtung der neueren Resilienzforschung. Wie Kinder Lebensbelastungen bewältigen. *Zeitschrift für Pädagogik* 51 (2): 192–206.

Zauner, A. (1997): Von Solidarität zu Wissen. Nonprofit-Organisationen in systemtheoretischer Sicht. In: C. Badelt (Hrsg.): Handbuch der Nonprofit-Organisationen. Stuttgart (Schäffer-Pöschel), S. 103–122.

Zoller, K. u. P. Nussbaumer (2019): Persönlichkeitsbewusste Mitarbeiterführung: Den eigenen Führungsstil reflektieren und erfolgreich weiterentwickeln. Wiesbaden (Springer Gabler).

Über die Autorin und den Autor

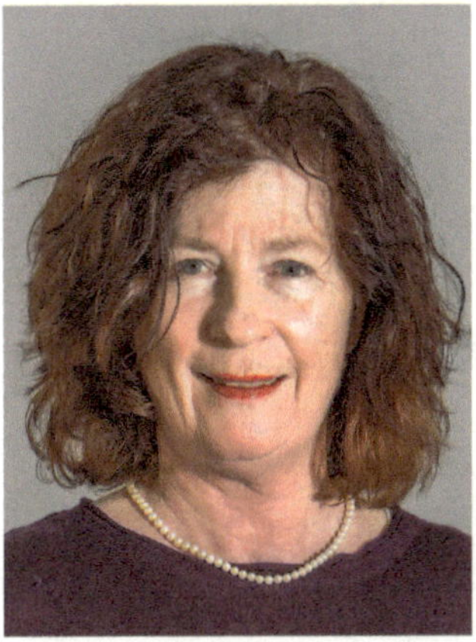

Ariane Bentner, Dr. phil., Dipl. Päd., ist systemische Supervisorin und Organisationsberaterin. Sie ist als Geschäftsführerin sowie als Trainerin, Beraterin und Coach im eigenen Unternehmen in Darmstadt tätig und Autorin zahlreicher Bücher und Artikel. Schwerpunkte: Führungskräfte- und Teamentwicklung, Change-Prozesse in Non-Profit-Organisationen und Unternehmen, Betriebliches Gesundheitsmanagement, Resilienz und gesundes Führen.

Jan P. Jung, Studium der Allgemeinen Pädagogik, Berufspädagogik und Bildungswissenschaften, ist staatlich anerkannter Erzieher, Agiler Coach, Consultant, ehemaliger Tutor und wissenschaftliche Hilfskraft an der TU Darmstadt.